过度
努力

周慕姿 著

中信出版集团 | 北京

图书在版编目（CIP）数据

过度努力：为什么你总觉得自己不够好 / 周慕姿著. -- 北京：中信出版社，2022.1
ISBN 978-7-5217-3496-6

Ⅰ. ①过… Ⅱ. ①周… Ⅲ. ①自我评价－通俗读物 Ⅳ. ① B848-49

中国版本图书馆 CIP 数据核字（2021）第 188729 号

本书通过四川一览文化传播广告有限公司代理，经宝瓶文化事业股份有限公司授权出版中文简体字版本

过度努力——为什么你总觉得自己不够好
著者：周慕姿
出版发行：中信出版集团股份有限公司
（北京市朝阳区惠新东街甲 4 号富盛大厦 2 座　邮编　100029）
承印者：北京盛通印刷股份有限公司

开本：880mm×1230mm 1/32　印张：7.75　字数：120 千字
版次：2022 年 1 月第 1 版　印次：2022 年 1 月第 1 次印刷
书号：ISBN 978-7-5217-3496-6
定价：58.00 元

版权所有·侵权必究
如有印刷、装订问题，本公司负责调换。
服务热线：400-600-8099
投稿邮箱：author@citicpub.com

目 录

前言
VII

第一步 探索

购物狂公主：没有感觉，就不会被伤害   003
    父母帮孩子做每一个决定   005
    "购物"成为纾压管道   007

"一定要赢"先生：追求赢，是人生最重要的事情   008
    只有"不想撑"，哪有"撑不住"？   010

不犯错小姐：我只是，不想麻烦别人   012
    严重焦虑与抑郁   013
    完美的"假我"   014

"钢铁先生"：只要我不在意任何人，我就不会被伤害   016
    一堵无形的墙   017

自责小姐：我永远都不够好   020
    疑似恐慌   021
    父母批评自己的话，内化在自己心里   022
    他们都抗压能力很强，只有我……   023
    "不够好"，是她内心长久的伤痕与自我怀疑   024
    我们会想要保护破碎的自己   026

面具木偶：我早就忘记了自己原本的样子   027
    像木偶一样忍耐   028
    心悸、喘不过气   030
    不敢拒绝别人，怕别人不开心   031

完美妈妈：我要先满足所有人的要求，才有机会做自己   032
    我不见了   033
    我就是要做到完美，堵住你们所有人的嘴   035
    "疾病"的发生，是种求救   036

有用医生：不"有用"就没有用   037
    每天都像溺水般   039
    白色巨塔版的丛林求生系列   040
    "你在这里哭，会给其他人造成困扰。"   041
    "我们这里可是每天都在死人！"   042

"情绪"是一种保护与提醒　　　　　　　　　　042

第二步
抗　拒

不能说的秘密　　　　　　　　　　　　　　047
　　"一定要赢"先生：我们不想面对的，可能是真正重要的事物　　047
　　不犯错小姐：我希望，你觉得我很好　　　　050

不愿碰触的禁忌　　　　　　　　　　　　　056
　　"钢铁先生"：逃不开的过往　　　　　　　056
　　完美妈妈：是不是因为我不够好，所以你不要我　　062

不能消化的痛楚　　　　　　　　　　　　　069
　　自责小姐：所以，我被放弃了吗？　　　　069
　　购物狂公主："没怎样"就是"有怎样"　　078

不想承认的伤痛　　　　　　　　　　　　　086
　　有用医生：莫忘世上蠢人多　　　　　　　086
　　面具木偶：你根本就不要我　　　　　　　098

第三步
觉 察

你的人生，要让谁满意？ 105
    完美妈妈："不够努力"的危险 105
    自责小姐：你愿意只为自己努力吗？ 114

我只是，怕输 119
    "一定要赢"先生：代代相传的家族秘密 119
    有用医生：不想承认的渴求 126

为了你，我变成你要的样子 140
    面具木偶：难以碰触的伤口 140
    购物狂公主：承认伤口，才有机会长大 150

承认脆弱 159
    不犯错小姐：我能让你看到"不够好"的自己吗？ 159
    "钢铁先生"：难以消化的自责与罪恶感 165

第四步 行　动

看见伤：给过度努力的自己一个拥抱　　183
有用医生：停止批评自己，理解自己的选择　　183

"一定要赢"先生：我已经够好了，给自己一点温柔　　189

接纳自己真正的模样，不论是感受还是需求　　194
不犯错小姐：接纳情绪，练习表达　　194

面具木偶：我这样，也很好　　202

承认"我需要你"　　206
完美妈妈：原来，我爱你　　206

"钢铁先生"：练习伸出手　　212

不论过去如何，现在的我，永远可以选择　　216
购物狂公主：我愿意给自己不同的选择，负起人生的责任　　216

自责小姐：不论你们是否爱我，我都想好好爱自己　　222

后记
你的存在，就是无可替代的价值

前言

隔了一阵子没有写作，这次写的主题，是"过度努力"。

怎么会想写这个主题呢？

或许，因为我的身边以及在工作中，我遇到很多"过度努力"的人，这些人对"努力"的坚持、对生命与生存的恐惧，常常触动我心灵最深处的一些东西。

会被触动，也或许是因为在某些人的眼中，我也算是有点"过度努力"的人。虽然我自己觉得还好。

（"过度努力"的特征之一：别人都说你太努力，但你自己觉得，还好。）

从小学开始，虽然有机会参加一些比赛得奖，成绩也不错，但对那些奖项与成绩表现，我有时没有太大的欣喜。就如同当时因为出了《他们都说你"应该"》，我受邀上广播时，分享的一个例子：

"最重要的，不是拿到奖项或是成绩名列前茅的那一刻；而是，当拿到这个奖项、名次之后，把它带回家，然后父母给你一个欣慰满意的笑容……'我做得够好'这件事，才算完美地达成。"

我说的这个例子，可能许多人都心有戚戚焉，而这的确是我的经历。

从我有记忆以来，我和母亲相依为命，父亲时常不在身边，有时甚至会消失，在亲戚间的风评也不是太好。当时，在很多人看来，父亲之于我，就是我人生的那个"但是"：

"她是很优秀，但是她爸爸……"

曾经有很长一段时间，我都没有办法消化这个"但是"。我就像一个背负着原罪十字架的人，不管多么辛苦、爬到多么巅峰的地方，身上的那个印记，永远跟着我无法去除。

为了消除这个"但是"，为了保护妈妈，"让我们能够不被别人看不起"，也刚好我喜欢念书，又有一些演讲与写作的能力，于是，我一直做着会被大家夸耀的事情，维持在大家会觉得"她这样很优秀"的位置。

只是，从我小学二年级，第一次得到某个比赛第一名时，我就知道，我好像不太会为了这些比赛、成绩名次而极为欣喜；我的快乐，都是在把名次、成绩拿回家之后，看到妈妈满意的笑容时才感觉到。

那代表着，就算爸爸让别人失望、让妈妈失望，至少我可以不让他们失望，对吧？

我可以和我爸爸不一样，对吧？

在我决定就读心理咨询的那一年,家里经济状况发生巨变,我的生活也有了 180 度的大翻转。

原本虽然妈妈独自抚养我,生活不算宽裕,但也还过得去;已经开始工作的我,只需照顾好自己,并不需要特别担心家里的状况或是拿钱贴补家用。

没想到,就在那个时候,我突然必须独自扛下家中的经济重担、负债,以及面对许多人情冷暖。

虽然从小已经见了很多,但当时妈妈已经没有办法跟以前一样,在我前面保护我、照顾我,我必须独自面对这些。

我才深深地感受到:"我得努力才行。"

我只能努力。

从进咨询所开始,我一改以前读书吊儿郎当的性格,因为没有任何基础,所以我逼自己拼命读书,以赶上身边的同学们。当时半工半读的我,硕一那一年,不是在工作,就是在图书馆读书。

那时候,我觉得读书很快乐,但也很害怕:很担心自己因为不够努力,就被什么恐怖的东西追上,会再度陷入无能为力、觉得自己很糟糕的境地。

每个目标达到时,对我而言,都只能暂时"松一口气";既担心自己做不到,做到了也无法享受成功,反而会更担心别人会不会对我过度期待;于是,没有真的开心、真的放心的一刻,只能不停地向前冲。

于是我才发现，原来我是"冒牌者现象"①的典型，而后我就以"冒牌者现象"为主题写了硕士学位毕业论文。

这样的习惯，我一直带着。成为心理咨询师、进入职场之后，这自然让我的职业发展有一定的表现：在很短的时间，我要求自己必须接大量的个案，并且持续被督导，希望自己能够在专业上站稳脚跟。

但在2017年，因为第一本书备受瞩目，大量邀约随即而来。习惯为了满足别人期待与需求的我，心一横，大部分都吃了下来。过量的工作，以及仍期待自己必须在专业上有所精进的要求，让我的身体渐渐吃不消。而2018—2019年，我又面临了一些新的考验，这让我决定停下脚步，重新思考："我是不是花了太多时间在他人的期待上？"

当时，我持续被分析，我的分析师对我说了一句话，让我印象很深刻：

"慕姿，你对自己做错什么或是没做到什么，是非常严厉的。你有没有想过，如果把你当成刚学会走路、摇摇摆摆的鸭子，当你走不好时，你可以稍微温柔地托一下自己，告诉自己：'你可以试试看这么走。'"

分析师的这段话，让我回去想了很久，内心深深地被触动。

原来，我只有一直往前努力达到目标的经验；我从来不知

---

① 冒牌者现象（impostor phenomenon），由保利娜·罗斯·克兰斯与苏珊娜·艾姆斯于1978年提出。

道，我可以被温柔对待，也不知道，我需要被温柔对待。

这几年的危机处理，让我习惯遇到困难时，第一个反应是"如何解决问题"，却从来没有机会，也没有想过，我需要照顾一下我的内心，那个可能惊慌失措或是愤怒伤心，甚至失望的自己。

写到这里，或许有些读者会想："哎呀，原来心理咨询师也这么不会照顾自己的情绪。"

这倒是真的。我的一个好友心理咨询师曾经开玩笑说："面对别人的人生，比面对自己的人生要容易多了。"

要面对自己内心真正的脆弱与恐惧，改变自己的惯性，是一件非常不容易的事。

当我们没办法与自己的内心接触，就没办法正视自己的恐惧。"过度努力"，只是面对恐惧时的一个习惯，一个想得到安全感的防卫机制与生存策略而已。

当我们没有好好地感受与思考，这个"生存策略"就会非常自动化，让我们感觉到，"我没有选择，只得这么做。只有这么做，才能让我摆脱现在的困境"。2020年，对许多人而言，都是非常不容易的一年。我的身边，有许多非常努力而不敢停下来的人，甚至会迷失在那些努力当中；或期盼他人的照顾，或失望于别人的不包容与不理解，然后在其中感受到自己的孤独与空虚。

所以，我想写下这本书。

这本书里的案例，集合了我很多的工作观察与身边的经验。

或许你在读这本书时，会觉得每个案例的一部分，都让你想到自己或是身边的某个人。不过，这本书并不是一本很快地告诉你"该怎么办"的书。因为，在我面对"过度努力"的人，包括我自己时，最困难的，或许不是"我该怎么做"的方法，而是——

"我脑袋都知道，但心里做不到。"

了解与安抚自己的内心，让自己有勇气做出不同的选择，这，才是最难的。

若在读这本书时，你有机会静下心来，能与这些案例的主人公，一起慢慢地接触自己的内心深处，了解自己内心最柔软的那一块——那些情绪、感受，而后愿意给自己一点理解与接纳，温柔与问候，那就是我最想要分享的部分。

这本书，也呈现了心理咨询的部分过程。

关于心理咨询，我的想法是这样：

我们每个人，内心都有一些伤口。这些伤口，会带来一些难耐的情绪，这些情绪可能会大而猛烈，让我们无法承受。当我们不知道怎么处理时，我们会隔绝它，用一些方法掩盖它、合理化或淡化它，让自己能不去面对它，以便让我们能够继续在生活中撑下去。

而心理咨询师，有些时候，就是从你的分享中感受那些你不敢碰触的情绪，然后，再将它消化成你可以接受、吸收的方式，慢慢地回馈给你。

而我们，就在这样的回馈当中，慢慢地理解自己，慢慢地从这些情绪与理解中获得滋养；而我们也有机会从这些滋养中慢慢长大，终于有能力回过头来，对那个无法承受如此多创伤与情绪的内心的小孩说：

"嘿，没有关系，这没有什么大不了的，你一个人撑着，还陪伴着我，真的是辛苦了。现在，我会陪着你。"

于是，我们终于有机会，可以给自己一点温柔，可以爱着这样的自己。

希望这本书，能够带给你一点温柔与陪伴。

注：本书所提之案例，均经本人同意且有大幅改写，如有雷同，纯属巧合。

第一步

探索

如果,为了活着,需要让自己"没有感觉",
那么,我又是为了什么活着?

购物狂公主:
没有感觉,就不会被伤害

"我没有感觉。活着,没有感觉;也不知道,活着是为了什么。"她坐在我对面,小声地说。

面前的女孩,叫品萱。她看起来性格柔顺,说话声音轻轻的,常常会担心言语冒犯到我。说话时,她时常会留意我的表情与反应。

品萱有一份稳定的工作,父母是退休公务员,经济条件不错,她不需为家中生计烦恼。比起一些同龄的朋友,她工作的稳定与优渥的薪水,是让身边许多人欣羡的。

她来找我,其中一个原因是她发现:她对自己生活的感受,与身边的人对她生活的羡慕,两者有非常大的落差。

因为这样的困扰而决定寻求心理咨询帮助的人,其实并不少。

他们有着共同的特点:看起来生活无忧,甚至会被称为"人生赢家"。当他们不小心透露出一点烦恼,就会被某些人回应:"你就是过得太爽了,这有什么好烦恼的?"

面对别人对他们生活的欣羡与嫉妒,他们觉得自己"应该要懂得惜福""应该觉得幸福快乐",但是,自己的感受却不是这样。

时常觉得"空",就像身体的中间破了一个大洞,什么都感觉不到，却又因为别人的说法，而忍不住怀疑自己的感觉：

"我'应该要幸福快乐'的，如果我做不到，是不是我有问题？"

只是，当"幸福快乐"变成"应该"，变成义务，就没有人能真的幸福快乐起来。

人啊，如果连自己的感觉都不能相信，那生活，几乎就没有可以凭借与判断的标准了。

"不知道从什么时候开始，我什么都感觉不到。感觉不到快乐、悲伤，不知道活着的意义是什么。不会真的想死，但不知道活着要干吗，只是为了每天过着一样的生活吗？"

忍不住不快乐，但又听别人说"你不能不快乐"；感觉到痛苦，却又被说过得太爽，所以"抗压能力太差"。心里忍不住想：既然生活不能有自己的感觉，自己的感觉永远都是错的，那么，让自己没有感觉，似乎就好了。

努力让自己活着，日复一日地工作、加班，回到家倒头就睡。账户里的钱虽然一直在增加，却不知道有什么意义。

"可是，我的生活，却有很多人羡慕。有些人会对我说，我有一个不用让我担心钱的家庭，有一份不用让我担心钱的工作，到底还有什么不满足？

"听他们说这些话，好像也很有道理。对啊，我还有什么不满足的？为什么我会觉得，自己活不活着，好像都没差别？是不是因为我真的不惜福？"

她那些疑惑，以及想要说服自己的话，让我听出背后有许多的困惑、无力感，和求救的声音。

"我应该要惜福，应该要珍惜，应该要觉得很棒"，这些话听起来，似乎很有道理。如果能够不思考、不感觉，用这些"应该"、外在的标准，就能说服自己；如果自己的感觉可以这么简单，就满足于这些表面上"别人羡慕的生活"，就这么生活下去，那有多好。

但是，就是觉得，这一切"一点都不棒"。在这样的生活中，感觉到自我一点一点地慢慢死去，快要灭顶了。

"能不能有人来拉我一把，帮我摆脱这个状况？"她在心里忍不住大声呼喊着。

"因为，我快沉下去了。"

父母帮孩子做每一个决定

"你想聊聊你生活中和其他人的关系吗？"我好奇地问她，"例如，你和家人的关系如何？或是说，他们对你的工作和生活，有什么看法？"

似乎没有料到我会问她的家庭，她稍微迟疑了一下，断断续续地讲起她与家人的关系。

品萱的父母都是公务员，因为自身的经历，于是从小就灌输给孩子一个观念："有一份稳定的工作是很重要的。"此外，父母对品萱与哥哥的管教也相当严格，认为"唯有父母的决定才最正确"，因此，从小父母就习惯帮他们兄妹做每一个决定：帮他们决定进哪个学校、读哪个专业、未来做哪种工作，甚至要找怎样的对象，父母都一手安排。

父母的行动，传达给这两个孩子的感受是："只要按照我们的安排去做，你的人生就会完美无缺。所以，你一定要照做。"

在父母的期待下，品萱的选择都是按照父母的安排做的：读父母觉得好的学校与专业，找父母喜欢的工作，选父母安排认识的男友。

特别是，当哥哥在大学时，因为选择专业与父母出现极大的冲突，一怒之下离家，更让品萱在心中默默做了决定：

"最好不要违逆父母的想法，否则会破坏家庭的和谐。"

于是，这么多年来，品萱很习惯地做父母的"乖女儿"，让父母不担心，让别人可以羡慕，也成为父母可以向她邀功的理由。

"你现在能过这样不愁吃穿的生活，不就是因为我们要求你，你乖乖听我们的话。你看哥哥，现在工作多么辛苦，薪水还没有你多。"

哥哥与父母吵翻，上大学后就搬出去住，现在在广告公司上班，工作相当辛苦。

但她觉得，哥哥看起来工作得很开心，和她不一样。

她知道，自己没有灵魂。

因为生活中缺少自我的意志，也不容许插入太多自我的安排，于是，品萱的生活被别人的要求填得满满的。在工作与生活上，她也习惯性地如同与父母相处般，迎合同事、主管或伴侣的需求，尽可能地让每个人都觉得满意。

结果，换来的就是自己的不满意。

"购物"成为纾压管道

"我有时会犒赏自己，买很多喜欢的包包、衣服。那个时候，会带给我一点点快乐，虽然很短暂。"

购物，成为品萱日常生活中纾压的管道。因为"买东西"这件事，可以立即得到一些回馈，不管是实质上买到东西，或是购物过程中的那种"可控制感"与"成就感"。这个过程能让品萱觉得：努力至少是有用的，至少可以转化成物质上的享受，安慰一下总是为了别人而辛苦的自己。

所以，品萱养成习惯通过"购物"来安抚、说服自己："至少我已经得到了些什么。"

"只有买东西的时候，我才可以有点感觉；觉得生活中，总算有些事情能够让我掌握和决定。一直以来，我什么都听你们的；至少，我总能拿自己赚的钱去买些什么，感觉像是买一些快乐。

"可是父母却觉得我买得太多，要我停止，叫我来咨询看医生……如果工作那么辛苦、那么努力，结果连随心所欲地买东西都不行，那生活的意义，又剩下什么？努力，又是为了什么？"

听到品萱说的话，我感觉到她话中没说出的情绪，那些愤怒和无可奈何。

气的是父母；无可奈何的，是不知道怎么改变的自己。
也气自己。

于是，品萱找到了购物这个出口，可以离这些情绪远一点，让自己的生活好过一点。

面对购物行为遭到父母的否定与干涉，品萱觉得累，她不认为这样的自己有问题。花自己的钱，买自己想要的东西，有什么不对？她又不是花不起。

但她还是来了这里，找到我。

她想知道，为什么不管再怎么努力，她都觉得活着空空的，心里空空的，好像很需要什么来填满。

她想问：人活着，到底是为了什么？

"一定要赢"先生：
追求赢，是人生最重要的事情

"人活着，就是为了追求赢的感觉啊！"坐在我斜对面的明耀充满自信地说。

不到四十岁，他已经是一家跨国企业的高级主管。明耀相信，"努力赢才是人生"。面对庞大的业务量、公司对自己越来越高的期待、一直上调的绩效标准，明耀觉得，自己从来都是享受的，享受别人对他越来越看重的感觉。"不停地努力，然后不停地成功"，这个生存法则，让他生活得既有控制感又安心。

对明耀来说，他的生活里，没有什么他做不到、不能处理或无法控制的事。

直到恐慌症找上他。

"其实，我不认为自己有什么问题。"明耀跷起脚。手下带着几十个员工、见过大风大浪、与许多大企业和名人合作过的他，说话的样子充满老板的气势。记得一开始来找我时，明耀噼里啪啦问了我一堆问题：

"你毕业多久了？工作多少年？专长是什么？结婚了吗？做过其他工作吗？有小孩吗？处理过恐慌症吗？接过多少像我这样的个案？"

一连串的问题，让我感觉自己像是来面试的员工，忍不住想回答："是的，老板！"

后来我慢慢发现，对于习惯让别人看到自己"强者"那一面的明耀，要说出自己的脆弱，分享自己不擅长、不能控制的状况，甚至要进一步地寻求他人意见与求助，简直比登火星还难。

（如果告诉我，明耀可以找到方法登陆火星，我想我会相信。）

他的老板与强者架势，是他的面具，也是他的安全防护罩，帮助他安抚来这里的不习惯与不安。

"第一次发作，只是有点呼吸急促、喘不过气来，大概是太累了。几次下来，因为忍一下就过了，加上实在太忙，根本没时间去看医生。

"最近那次，我以为是心脏病，第一次有'自己是不是要死掉了'的想法……不过，我还是自己叫出租车，撑到医院去挂急诊，没让别人发现。后来，做检查没找到毛病，转到心身科，医生说是恐慌症。"

明耀一边说自己的状况，一边开始抖脚。

只有"不想撑"，哪有"撑不住"？

一般来说，发作过一次恐慌症，应该是件很可怕的事情。他居然可以发作好几次都没去看医生，我不得不佩服：这个人的意志力与忍耐力真的超乎常人。

"咨询是我女友帮忙预约的。老实说，这种心理压力的疾病，应该是要靠自己的力量克服。毕竟，你们是心理咨询师，大概会说，我的工作压力太大，应该要放松，应该要爱自己，要让自己有时间休息，等等。

"你看，我都猜得到你要说什么。"

他看着我，挑了挑眉。我对他笑一笑，鼓励他继续往下说。

"老实说，我不太信'要对自己好一点'这一套。现在这社会，谁没有压力？工作有工作的压力，没工作有没工作的压力。我很享受这个压力啊！我一向抗压能力很强，压力越大，我越开心。每一次赢的感觉，都是让我继续努力的动力。我从来不觉得努力很辛苦，赢不了，才真的痛苦！在我们公司，看过有些人说什么压力太大、撑不住只好辞职。我就不能理解，只有'不想撑'，哪有什么'撑不住'？"

"只有'不想撑'，哪有'撑不住'？"多么有力又充满雄心壮志的一句话！

只是，身体与心理背叛了他。

追求一次次"赢"的感觉，就跟购买东西的欲望一样，可以带给没有感觉的生活一些难能可贵的刺激与满足。

那些刺激与满足，就像用来犒赏"过度努力的自己"的奖品或奖章，鼓励自己加油、再加油，用尽全力，只为了得到别人羡慕的眼光，借此让自我感觉良好，安慰自己：所有的牺牲都有了价值。

多好，就这么被看见了；
多好，别人觉得我好棒；
多好，那代表我是有价值的。
我多么有用。

然后，我用我的肉身当作祭品，献给那无穷无尽"赢的欲望"，只为维持生活的意义感。

只是，是"享受赢的感觉"，还是"害怕输的痛苦"？

不犯错小姐：
我只是，不想麻烦别人

"与其说'害怕输的感觉'，或是害怕失败与犯错；倒不如说，也担心犯错或失败的时候，会麻烦别人。"

怡琪是一家数字产品公司的高级主管，需要每周总结数字产品的销售状况，以随时调整营销策略与优化产品的内容，让产品能够更有竞争力。由于市场竞争激烈，最近销售甚至因为疫情渐渐萎缩，让怡琪十分焦虑。

"比如说这些产品，只要销售得不好，或是有人留言说体验感受不佳，我都会非常担心。需要因此开会讨论这些事情时，我会觉得很丢脸，觉得自己准备不够完善，不够认真、不够努力，才会让这种事情发生，真的是太糟糕了！"似乎想起那些体验，怡琪的脸皱了起来。

"所以我全身心投入工作，不放过每个细节，脑海中时常出现各种模拟，以未雨绸缪，一次又一次地检查确认，避免有人挑我的错。"

当然，如此要求自我、追求完美，塑造了怡琪认真又负责的性格；她的高自我要求也反映在能力上，因此很难在工作上不成功，只是，也付出了一些代价。

严重焦虑与抑郁

怡琪发现，随着工作压力越来越大，市场的状况越来越难预测，她出现了严重焦虑与抑郁的症状，整天惴惴不安，永远都觉得自己有事情没有考虑到；并且可能让事情变糟，一发不可收拾。

另一方面，她在和同事的人际关系上，也出现了一些状况。她发现，自己完全不想与人互动，常担心别人觉得她"没有用""不配坐在这个位置上"；有时甚至怀疑自己的每一个决定，怀疑"自己是否的确能力不足，才会一直无法有所突破"。

"'的确'是能力不足？所以你一直很担心，自己的能力'不够'吗？"听到了关键词，我忍不住问。

"是吧，所以我才会那么努力啊！"她笑了，但眼眶湿了。

"不过，听你刚刚描述，在这个职位上，你的各项表现都很好，不是吗？工作也一直很顺利，而且还是同级主管中最年轻的。这些肯定与实际的客观表现，对你的意义是什么？"

"这些人可能被我'暂时的表现'给骗了吧！因为我能力不够，所以我才需要非常努力，用来补足那些不够；有一天，我会被他们看破，发现我根本德不配位，能力根本配不上这个职位，大家都会觉得我很假，而且就算我出错，别人也不见得愿意帮我，还会觉得我很麻烦。"

怡琪眼里闪着泪光："所以我得很努力，得很努力才行。不能出错，不能有任何一次决策的错误，不能没有成功。"

她不得不努力，不停地向前奔跑，像是被什么追赶着一样。

想要逃开的，可能是内心那个"认为自己不够好"的羞辱感，它总是黏得这么紧，很难甩开。

所以，我需要再努力一点才行，不能停下来，

否则被它追上，我就完蛋了。

完美的"假我"

"你曾经想过，你的那些成功，你能做得到，是因为你自己的能力强吗？"我很好奇，对于这个"暂时的表现"，是否从来都只是造成她焦虑的来源，而没有给她一点点肯定与鼓励？

"应该这么说。我想，我大概是有一定能力可以做到一些事。不过很奇怪的是，每次要重新开始一个任务时，我并没有因为之前的成功经验而安心，反而会觉得，如果我下次做不到了，那怎么办？"

"如果下次我做不到这么好，那怎么办？"这句话显然对怡琪有极大的影响。话中的恐惧，似乎代表着，怡琪不太敢相信自己够好，能够维持这样的表现；也代表着怡琪一直认为别人对她的

表现，永远都有着极高的期待与标准。而且，别人很容易对她失望；而如果对她失望了，就会发生很恐怖的事。

于是，这种觉得"不能让人失望"，但又担心"自己不够好、会被看破"的压力，一直压着怡琪，让她拼命做好每件事、预测每个细节，希望能够做到尽善尽美，让别人挑不出毛病。

这样，她就安全了。既不会被人"发现"、认为她能力不够，也不会给别人造成麻烦，维持自我感觉良好，继续维持这个完美的"假我"：

永远成功、永远完美，永远坚不可摧，永远不会出错，也不会失败。

这样的自己，是好的，是别人期待的；只要做到这件事就好，就会安全了。

否则，让别人失望的自己，可能会被瞧不起、被嫌弃、被觉得麻烦，甚至被伤害。

对怡琪而言，每天她都忍不住怀疑自己，又"不得不"在意别人的目光、期待与要求，因此整日惶惶不安，就像每天都在接受测验，测验"自己够不够格在世界上有自己的位置"；所有的成就与成功，只是对内心焦虑暂时安抚的麻醉剂，而不能转化为自我肯定，甚至自我价值的礼物。

于是，越成功，越害怕；越被人期待，越害怕让人失望。在意别人对自己的看法，成为推动自己进步的动力，却也是伤害自我价值的关键。

因为，当我们一直都在问"别人想要我做什么"，而不是"我自己想要什么"时，所有因此得到的成就，都是给别人的交代，而不是自己的引以为傲。

所有在意他人的努力，回过头来，在自己身上反而变成了伤。

"钢铁先生"：
只要我不在意任何人，我就不会被伤害

"所以说，太在意别人的期待跟想法，就很容易受伤啊！为什么要这么在意别人？"

昱禹摊开手，笑了笑。

"不得不在意别人，就是对自己没信心的证明。与其花时间去考虑别人的需要是什么，还不如多花点时间，知道自己想要什么，目标是什么，然后去做。花太多时间考虑别人，只会阻碍自己。而且，就算你考虑别人，别人不见得会考虑你，也不会帮你忙，倒不如省省力气留给自己。"

昱禹这么说，其实乍听之下，还挺有道理的。

（状态显示：差点被说服的心理咨询师。）

一堵无形的墙

不过，昱禹会来咨询，很大的原因就是在关系的疏离上。昱禹的太太，觉得没有办法靠近昱禹，常常不知道他在想什么；在婚姻里，太太时常觉得寂寞。她曾经对昱禹说，她认为昱禹在世界上最重视的人，就是他自己。

他的世界，似乎没有其他人存在。

我想象，对他太太而言，或许就像面对一堵无形的墙，看起来没有任何问题，但无论怎样都进不到昱禹的内心。

如果是这样，那应该是一种挫败、寂寞的感觉吧。

虽然太太在多次"沟通无效"后，想要接受身边人的劝告，安慰自己："婚姻大概就是这样吧！"勉强"接受""忍耐"他这样的个性，习惯了就好。但有了孩子以后，太太发现昱禹"太过自我"的性格，让她更加有挫败感，不知道怎么跟他沟通，所以，希望他能够来进行心理咨询。否则，她可能没办法跟他继续维持婚姻。

整体而言，目前对昱禹来说，就是个存亡之秋。

所以，昱禹来了，但显然他不觉得现在的生活有任何问题，也不认为心理咨询能帮他什么，因为他没有需要。

"我太太想得太多啦，她会突然抱怨说什么很难靠近我，不知道我在想什么，抱怨我什么都不说，还对我说，她觉得她和儿子对我都不重要。

"我真是不知道她在说什么，这就是生活啊！我努力工作，不就代表我很在意他们？还要跟他们说些什么？我就没有想法啊！

"她说，想知道我每天发生什么事。每天我就是写程序，都是做类似的事情。如果发生了什么事情，也是一些麻烦事。本来我心情已经很不好了，难道她希望我回家把那些让我心情不好的事情再讲一次，让家里气氛变差吗？"

昱禹耸耸肩，一脸不解。

昱禹没有说出口的，或许是：人生已经很辛苦了，可以不愁吃、不愁穿，过好每一天，不是已经很好了吗？为什么要有那么多感觉？

感觉太多，自己不能排解时，就会需要别人帮忙；需要别人太多，就会被别人影响，那么，就不能掌握自己的生活与感受了。

"所以，你觉得自己现在这样很好，因为可以掌控所有的事情，包括自己的感受、自己的需求……不知道为什么，我有种感觉，你好像在逼自己不可以需要任何人？"

听到我这么说，昱禹愣了一下。

"我没想过。"

我看着他，什么都没说。

我们之间出现了一段不短的沉默。

昱禹看着我，露出"你干吗不说话"的神情，见我一直不接话，忍不住打破沉默："只是，如果太需要别人，就会很容易失望。"

"怎么说呢？"

"讲了又有什么用，说不定还被觉得麻烦。"昱禹往后靠到沙发上，闭上了眼。

原来如此。

不论是别人做不到，所以帮不上忙；还是别人不想，所以不帮忙，都会让人很失望。

别人可能会因为能力不够而做不到我想要的，说不定还要我帮他擦屁股。

或是，别人比较在意的是他自己，而不是我，所以即使知道我的需要，还是不想来帮我，甚至拿我的脆弱与需要来伤害我，认为我应该独立自主，不可以那么依赖、那么不坚强。

当期待自己身边的人是有能力、可以保护或帮助自己的，却在一次次的期待落空后发现："原来，可依靠的人还是只有自己"时；带着期待，别人却不能或不愿帮忙，那种失望，不但令人孤独，也让人受伤。

"倒不如像现在这样，'没有期待，就没有伤害'。自主与独立，有时虽让人孤单，却至少让一切可控；没有期待，就不至于会失望，也不会因此感觉到'自己对别人是不重要的'而受伤。"

我就跟别人一样，只在意自己就好了，因为别人也不一定在意我。

不要把自己的感觉说出来，那就不会有人知道，也不会拿我的脆弱来影响、伤害、攻击我，我就不会受伤。

那我就可以一直很坚强，就可以一直是安全的。

会这么想，是很自然的。

毕竟，基于过往受伤的经验，如果我们真的表现出内心的感受与脆弱，真的没那么坚强，真的"不够好"时，我们当然也会忍不住怀疑：

这样"不够好"的我，还能得到现有的关系、他人的看重与现在的成就吗？

自责小姐：

我永远都不够好

"不够好，就会很丢脸啊。"欣卉叹一口气，"我们这个家族，不只是兄弟姐妹互相比较，还会比孩子。孩子除了要跟手足比较，还要跟堂兄弟姐妹、表兄弟姐妹比。"

"简单地说,我就是在'比较中'长大的。稍有不慎,就会被说:'你看看那个谁谁,人家多厉害,然后你呢……'这个人可能是我的表哥表姐或堂哥堂姐,也有可能是我的姐姐或弟弟,从成绩表现、外表、工作,到交往的对象、什么时候结婚生小孩……你永远都不够好,永远都有人比你更得父母的欢心。"

"你很希望得到父母的欢心吗?"

我看着她,想象她经历的生活,是如何让人喘不过气来。

"以前曾经很在意,现在已经放弃了。因为,不管怎么做,他们都不会满意,也永远都有一个比你更好的人,做比你更厉害的事。"欣卉苦笑了一下,"不过,说我不在意,好像也不完全对。可能我没办法去工作,就是一种反抗吧!"

疑似恐慌

欣卉会来找我,是因为在一次工作会议中被主管质问项目内容有错误,欣卉突然出现喘不上来气的状况。后来她又在家里、工作场所中发生过几次这样的状况,被医生诊断为"疑似恐慌"。她的朋友建议她除了看门诊,也可以做下心理咨询,了解自己压力的成因。

不过,坐在这个房间里的我俩心知肚明,对于压力的重要成因之一,欣卉其实很清楚;对她来说困难或许是,她对这个"成因"无能为力。

"我不是不想努力,只是,不管再怎么努力,永远达不到他们的标准：不够美、成绩不够好、不够有礼貌、不够大方、不够聪明、成就不够高……"

不够不够不够……
再怎么努力，总是不够。
自己，就是一个不够好的人。

父母批评自己的话，内化在自己心里

即使到了某个年纪，父母对自己的要求已不像以往那么高；或许，也不像以前那么挑剔自己，但最麻烦的是，他们挑剔的话语，已经被欣卉听得太多，全部囫囵吞了进去，内化成自己的一部分。

于是，当自己犯错或是担心自己有事情做得不够好时，欣卉就会如自己父母般挑剔、辱骂自己，责怪自己做得不好，觉得自己很丢脸、很糟糕。

特别是犯错的时候，更让欣卉觉得，自己没资格活在这个世界上。

为了避免犯错，欣卉总是会让自己准备再准备，事前各种未雨绸缪。当然，有些时候她也会因为太担心犯错，而不敢尝试新的工作；在被要求晋升、承担一些责任时，欣卉会裹足不前。

有时候，可能甚至会用逃避、躲起来的方式，面对工作上的期待与要承担的责任。

这也使得欣卉的工作表现，看起来非常不稳定：有的时候，她对自我要求很高，也很认真、努力，因此能够做出不错的成果；但如果被指派的工作是新的、没接触过的客户或业务，过程中遇到很大的挫折，或是需要承担较大的责任，让欣卉感觉自己无法"完美"时，她就会跑回家躲起来，好几天没法上班，也没有办法面对做不到这些的自己。

这个反复的过程，让欣卉的主管觉得很头痛。实际上，欣卉的主管认为欣卉的工作能力不错，但是给自己的压力太大。她时常提醒欣卉："犯错是正常的，给你比较多、比较难的工作，是因为你能做到。"主管也多次对欣卉暗示过有意晋升她为小主管带人。

但当主管给欣卉比较复杂的业务，需要欣卉担负较大管理责任的项目时，感觉到左支右绌的欣卉，本来就不擅长向人求助，又不知道怎么面对自己没办法把事情做到"完美"的情况，于是不去公司的状况变多了。后来，就发生了呼吸急促的状况。

他们都抗压能力很强，只有我……

"你请假不去工作时，家人的反应是怎样的？"我忍不住问道。

毕竟，如果就如欣卉所说，欣卉的家人对她要求很高，那欣卉的这种状况，她的家人可能很难完全接受。

"他们一开始说我抗压能力差，骂我'为什么这点事情都受

不了？这样怎么去外面跟别人竞争？'

"有几次在他们数落我时，我突然又发作了，看上去就像快要死掉的样子，他们被吓到了……现在他们就不太敢说什么。只是，有时候我在家，其他亲戚朋友来访时，父母会很想要掩饰我没办法去工作，所以待在家里这件事，都会说我之前工作太累，'刚好'在休息。"

讲到这里，欣卉笑了，但笑容极为苦涩，就像吞进什么很难下咽的东西。

"其实不只爸妈，姐姐和弟弟对我这个样子，也完全不能理解。我知道对他们来说，这样的我很丢脸。他们'都'抗压能力很强，面对困难'都'能解决，工作表现'都'极为优秀，当然压力也很大，但是他们没人像我这样。

"我姐姐甚至跟我说：'大家都是同一个爸妈带大，哪些难听话没听过？为什么要往心里去？搞得好像大家欠你很多似的。'"

欣卉又笑了。

"我觉得最难的事情，是他们说的我都知道，我也很希望自己可以像姐姐、弟弟一样坚强，一样不会受伤，一样知道怎么去适应社会的严苛，相信这些严苛都是让我进步的可能，让它变成自己的养分。但我就是做不到。"

"不够好"，是她内心长久的伤痕与自我怀疑

心里很想做到，但是身体却先无法承受。

这就代表，对欣卉而言，这个创伤超出了她的承受能力。

这并不是因为欣卉的抗压能力差。实际上，所谓的压力是主观的，也就是"理想的自己"与"现实的自己"的差距。差距越大，就越可能造成压力。因此，即使是面对同一件事情，一个人对自己的要求越高、给自己设定的标准越高，越可能给自己造成极大的压力，这是他人无法想象的。

或许是因为欣卉的自我要求标准极高、要求自己必须"完美"；从小父母对她提出的过高标准与比较，欣卉比谁都放在心上，极力要求自己去达到、去完成。

但这些对"完美"的追求，可能并不合理。

因为，我们是人，不是机器。

的确，这样努力的欣卉，在进入职场前、在他人眼中，她各方面的条件都是很好的，不论学历、能力还是外表、待人处事等。

所以，之前她努力把父母的标准内化为对自己的要求，甚至是自我批评与挑剔的标准，这个生存策略是有效的，能让她获得父母一定程度的满意，也让她自我感觉好一些，暂时安抚"觉得自己不够好"的焦虑。虽然这个"不够好"，其实是她内心长久的伤痕与自我怀疑。

但面对职场的变化，以及因为能力不错，欣卉被赋予的工作任务越来越难，责任越来越大，她以前的生存策略就不管用了，"要求事事完美"且"喜欢自我批评"的习惯，反而成为现在压垮她的最后一根稻草。

我们会想要保护破碎的自己

很多人或许不理解，同样的父母、同样的压力，为什么有些人可以好好生活，有些人会承受不住。

这是因为，我们的内在如何评价"自己做不到"这件事，也会沉甸甸地压在我们心上。

如果一个人想的是"现在我做不到，不代表以后我做不到，我可以再加油！"这种认可自我、鼓励性的话语，那对自己的感受就会极为不同。

因为此时，他心中想的是"我没有做好"，而不是"没做好这件事的我，是不好的"。

认为"我现在没做好，但日后可以"，带来的是一点"罪恶感"，以及一点期待自己可以再努力一些的"希望感"。这些心情，是可以支持一个人继续努力、继续追求目标的能量。

但如果一个人曾经接收到的信息是"我做不好，就等于我不好"；而自己的内心在铺天盖地的批评下，加上过高的自我要求与自我怀疑，真的相信了这件事，我们就会在每一次失败中，感受到严重的"自责"与"自我厌恶"，这正是让一个人感觉到自己很糟糕的"羞愧感"。

没有人能持续面对这么强的羞愧感，于是，我们会想要保护所剩不多的、破碎的自己，我们就会想要"逃走"。不论是逃回自己的内在世界，或是转移到电子游戏、购物、宅在家里、药物、饮酒、食物等上瘾行为，以帮助自己不这么难受，不用去面对失败或困难。这样，我们就不会一直感受到"不够好的自己"，不会一直对自己失望。

因为，"对自己失望"，或是感受到"别人对我失望"，对欣卉和许多人来说，真的是一件非常痛苦、非常难以承担的事情。

这种从父母那边承接过来的"自我要求""自我批评"的习惯，把欣卉压垮了，让她不知道该怎么办。

……

只是，真能不在乎别人的期待吗？真的可以"做自己"吗？

面具木偶：
我早就忘记了自己原本的样子

"做自己，只是让我变得很奇怪，让身边的人丢脸而已。"

美惠说着这句话，面无表情。

中性打扮的美惠，有着与她外表风格不同的名字。从名字与外表的冲突，隐约可以感受到，她对自己的看法，与原生家庭、父母期待的可能落差。

"从小，我妈妈就希望我站有站相、坐有坐相，希望我看起来可以'淑女'一点。她很喜欢买裙子、买洋装给我和姐姐穿。

姐姐就做得比较好，她可以穿着很淑女，动作也很有气质；我就没办法，怎么穿，怎么别扭。"

美惠耸耸肩，带着一点"我无所谓"的帅气与洒脱感。

"小时候，我会为了不穿妈妈规定的衣服，打死也不出门，不管是上学还是出门逛街。

"妈妈当然很生气，会一直打我，打到我穿为止，我就更不肯穿了。有一次，妈妈甚至气得受不了，大声吼我：'我真的很后悔生了你！你给我滚！'"

想象那时的状况，我忍不住替她难受。

"那时候，你几岁？"

"小学三四年级吧，不太确定，只记得我还很小。那是我第一次认真思考：'如果我离家出走，我可不可以活下去？如果不行，我得去依靠谁？'"

"后来呢？"

"后来当然发现，没有人可以依靠，没有人可以收留我啊！"
美惠大笑，像是在讲别人的事。

像木偶一样忍耐

"所以我就是忍，想着有一天，我可以自力更生，搬出这个家，我就能穿自己想要的衣服，做自己想做的事。

"只是，我慢慢发现，'自己'好像是奇怪、是丢脸的。我不想穿女生的衣服，对一些女生喜欢的东西，像玩具、首饰、化妆品，我也没什么兴趣。我喜欢打球，有时会跟弟弟一起玩。年纪越来越大之后，这些行为，让那些大人包括我妈、学校的老师，都觉得我很奇怪。"

美惠缓缓地说，我慢慢地听。

"记得上中学的时候，有一次，有个亲戚来家里，我跟他打完招呼就进了房间。当时我觉得他表情有点怪异，但没想太多。

"后来亲戚走了，我妈像疯了一样冲进我房间，拿扫把狂打我。我无缘无故被暴打一顿，后来我才知道，那个亲戚离开时，对着我妈说，我这个样子，不会是同性恋吧？

"他跟我妈是同一个教会的，我也知道我妈对同性恋根本就无法接受。所以听到他这么说，我妈大概觉得很丢脸。"

讲这些的时候，美惠还是笑。

看着她的笑，我的心里很酸、很酸。

"从此之后，我妈更拼了命地想纠正我，从服装、行为到思想，我就像活在思想改造营一样，而且她还一天到晚要我上教会，'洗涤污秽的思想'。我当然是能逃就拼命逃，能阳奉阴违就阳奉阴违。幸好那时候上学都穿校服，平常去教会被要求穿裙子，我就让自己像木偶一样，从穿衣到去教会到回家，忍着做完这一整套仪式。"

"你怎么看那时候发生的这件事？怎么看自己？"我问着眼前一直保持微笑的美惠。

"当然觉得自己很惨啊！不过，也从那时候起，我觉得：'做自己'好像是一件肮脏、有罪的事。从别人看我的眼光我发现,别人觉得我是烂的、脏的、恶心的、很糟糕的。

"虽然如此,我还是很想穿自己想穿的衣服,做自己想做的事情。

"考大学时,我填了一个离家很远的学校,'不顾我妈反对',一定要离开这个城市。我妈那时非常生气。但不论如何,我还是成功逃离了。"

不论说到多么难受的经历,美惠总是笑着。

"后来,你和妈妈、和家人的关系,有什么变化吗?"我问。

"后来好久才回去一次,冲突就比较少,只是,我妈讲话还是一样恶毒。不过,随着我姐出嫁、我弟上大学后根本不回家,我妈对我的态度变好了。她变得很依赖我,常常要求我帮她做很多事情,用的方式就是,啊,你很懂的,就是常说的'情绪勒索'!"美惠拍着腿,大笑。

"不做的话,就是我很不孝,或是她很惨、养孩子很辛苦,结果长大都没人感谢她。其实,从小她就比较疼姐姐跟弟弟,最不喜欢的就是我,但是现在,她最依赖的却是我,很讽刺吧!"

美惠总是笑。说到特别痛的经历,她笑得特别开心。

心悸、喘不过气

"现在,她如果想我们,就会打电话给我要我回家,或是要我去问问弟弟要不要回家。弟弟从几年前就不太和家里联络了，偶尔还会接我的电话。我妈也会时不时打电话哭诉，说她为这个家努力那么久，都没有人爱她，孩子都不回家。

"我本来觉得，我也只是听，虽然有点烦，但应该还好。只是最近我发现，现在看到妈妈打来电话时，常常会有心悸、喘不过气来的感觉。医生说，我可能有焦虑症。"

美惠叹了口气："我觉得很烦，也想像我弟一样不回家、不接电话，或是像我姐一样装忙敷衍她。只是，看我妈这样，很可怜。"

"那你现在能回家吗？"

"回是能回，就是痛苦。她没办法不唠叨我，也没办法不对我失望，我却是她现在唯一留在身边的选择。"美惠笑了，笑容很苦涩，让人不忍咀嚼。"所以我会让自己变回以前那样，没有感觉，这样在家里比较待得下去。"

不敢拒绝别人，怕别人不开心

"不过日常生活里，我似乎在哪里都没有归属感。面对别人对我的要求，我不敢拒绝，我怕别人不开心。为了不让别人难受，我就关闭自己的感觉，待下去，直到我在一个地方待不下去为止。"

"你好像觉得，一定得顺着别人、改变自己，你才能在一个地方'有位置'，才能待得下去？"我忍不住问。

"对啊，很讽刺吧。逃出家是为了'做自己'，但是后来却发现，在哪里，我都不敢'做自己'。"她沉默了一阵，突然抬起头，看向我。"我发现，我早忘了，'自己'到底是什么样子了。"

在日常生活中，我们把自己一点一点地交了出去，用来交换爱、交换不被责骂或鄙视，希望被接纳，或是希望能在这个世界上获得一点位置，能够生存，能有一点喘息的空间。

就在这样的生活中，我们勉强自己，也丢失了自己。而自己，原本又该是什么样子？

我们还记得吗？

完美妈妈：
我要先满足所有人的要求，才有机会做自己

"'没有自己'是正常的。当妈妈之后，全世界都不希望你有自己。"

我面前是一个打扮入时的超级美女，动作也极为优雅，坐在咨询室的沙发上，我的咨询室仿佛摇身一变成了时尚杂志

的摄影棚。

我忍不住想到一句话："整个世界，都是我的摄影棚。"

超级吻合。

这样的她，完全看不出来是两个孩子的妈妈。她是雅文。

一年前，因为抑郁症与朋友介绍，雅文辗转找到了我。那时候的雅文是家庭主妇，生了一对双胞胎的她，在婆婆、先生的"期待"下，放弃了原本高薪的工作，专心在家里带孩子。

身为新手妈妈，没有帮手，也没人可诉说。带孩子的过大压力与失控感，和她以前在工作中的状况很不一样。工作中的她呼风唤雨，工作能力与解决问题的能力都极强，几乎没有能难倒她的事情。雅文讨厌失控感，所以她喜欢也习惯控制每一件事情，希望事情都能按照自己的计划走。能力出众、做什么事都学得很快的她，也成功地让自己的生活一直都井然有序，各方面都非常完美。

直到她生了小孩，成为家庭主妇，生下一对双胞胎。婴儿完全没得商量，也无法控制、难以理解，加上没有人帮她，这让雅文第一次感受到生活的失序，与自己能力的有限。

"原来，我不是每件事都能做到。"

那是极为无力的感觉。

我不见了

"你会感受到很深的失望，不只是对身边的人、对老公，对那些没伸出援手却意见很多的人,还包含对你自己的失望。"

雅文喝了一口水,顺手优雅地擦掉水杯上的口红渍。

"回头看,生了孩子之后,我真的失去了很多东西。最可怕的是,你突然不认得镜子里的那个人是谁了,那个看起来两眼无神、蓬头垢面的可怜鬼,你发现那是你。"她一边的嘴角上扬了一下。

"那时候,我时常觉得寂寞孤单。最孤单的感受,是你发现,你再也回不去以前的样子,你自己不见了。"

不过,不习惯让别人失望的雅文,仍然拼命地做好每一件事:照顾孩子、起夜喂奶、整理家务、做饭……雅文让自己机械式地做好每一件别人期待她"应该"做的事情,直到她撑不下去,失去动力为止。

"后来医生跟我说,我得了抑郁症。老实说,我很惊讶,我一直以为,像我抗压能力这么强的人,不可能会抑郁。原来,我还是高估了自己的抗压能力。"雅文自嘲地笑了笑。

或许抑郁的出现,与其说是雅文自认的"抗压能力太差",还不如说,是在这样忙乱的生活中,没有任何援助的状况下,面对"被迫牺牲掉的自己",所带来的失落与难受。

天天觉得自己"不好"。那个"好的自己",不知道跑哪去了?还能不能找回来?

这个"抑郁",虽然一点都不讨喜,但最大的功能,可能是提醒忙到没有时间难过的雅文,让她有机会好好难受,知道自己丢失了什么宝贵的东西。

我就是要做到完美，堵住你们所有人的嘴

"过了快一年，我终于决定要回归职场。幸好之前的老板很帮忙，他愿意让我有几天在家工作、几天去公司。我也找了保姆，让我在家一样能专心工作。这些安排下来，我觉得以前的自己似乎又回来了，好像变得越来越有力气、越来越积极，也越来越快乐。

"我不但把工作处理得很好，也要求自己一定要把孩子、家里都打理好。我绝对不给人机会说我出去工作，都不管家、不管老公孩子。我就是要做到完美，堵住你们所有人的嘴。"

雅文笑得像个女王。

"虽然每天都很忙，但我很满意，因为至少我的工作效率回来了，我的成就感回来了，原本的自己也回来了，一切都很好，只是……"雅文顿了顿。"只是，我开始有购物的习惯，一阵一阵的。突然会有一股冲动，很想买东西，而且花很多钱买，买回来就放着，我甚至曾经一口气买了好几个几万元的包包……我以前不会这样。发生了一阵子之后，我先生逼我去看医生。我虽然百般不愿意，但还是去看了。结果，医生说我有轻微的躁郁症，我疯狂买东西的时候，就是躁狂症发作。"

说到这里，雅文笑着叹了一口气。

"听到医生这么说的时候，你觉得怎么样？"

我想象，如雅文这么自我要求高，又极为自我控制的人，对于自己的脆弱或失控，不管是心理上还是行为上的，可能都很难

接受吧！特别是，原本以为已经控制好"抑郁"症状的她，居然又被诊断成躁郁症。我想，对她而言，医生所做的诊断，或许是一个很晴天霹雳的打击。

"当然是觉得……很惊讶吧。怎么状况不好的时候有病，状况好的时候，也是有病？"

雅文苦笑，露出无可奈何的表情。

"疾病"的发生，是种求救

对很多人来说，出现心理症状，甚至被诊断出疾病，是一件很难接受，也很难不标签化自己或他人的事情。他们可能会忍不住想"是不是我抗压能力太差？""我是不是真的有病？"等更伤害自己的想法。

不过，身为一个心理咨询师，加上自己的学派，让我在看待心理疾病时很多时候都不太用"疾病"的观点去看这个人或这个症状，而更多用"适应"的观点来看症状。

例如，关于一些心理症状，除了体质影响，或许也是在目前生活适应上，面临极大的压力与极高的自我要求，身心无法负荷，却又希望化解的期待与要求，导致出现一些心理症状，来平衡身心，纾解无法说出口的压力。

如果不靠这些方式纾解，也许就有内心崩溃的可能。

这样的症状或行为，的确会造成生活上的其他问题，却可能是我们身体与心理，唯一能够和过度努力到没办法注意自己的对话的方式，提醒我们："该好好检视目前的生活，是否有事情不对劲了。"

只是，对事事追求完美的雅文来说，出现的这些症状，就像失控的云霄飞车，一头撞进她的生活，把她所有井井有条的安排，撞得东倒西歪、七荤八素，也撞出了她对失控的恐惧与焦虑。

"不能靠意志力、按照自己的标准做到一切的我，还是我吗？"雅文喃喃自语。

一路追求完美的雅文，或许想要的，就是"够好"：感觉自己够好、够有用，就可以让自己感觉到安全。

如果我不够完美，不够有用，做不到别人的期待，我还是我吗？

有用医生：
不"有用"就没有用

"我其实很好奇，应该说，我也不是个完美主义者，只是，如果不'有用'，也不努力，那活在这世界上要干什么？"

育仁是个从业已经四年的住院医师，刚开始总医师的工作。他最近发现在医院工作时，越来越难控制自己的脾气，很容易没耐心、烦躁，也在医院崩溃过几次，甚至不小心和同事、教授、病人发生冲突。后来，因为朋友的推荐，来找我咨询。

育仁所在的医院，在台湾省算得上数一数二的医院，相对而言院内的工作压力非常大，竞争也非常激烈。育仁是从医院的医学系升上来的，从求学时开始，就没有一天轻松过。就像育仁在第一次咨询时所告诉我的："就算一开始，你以为自己在高中是个人才；来到这个学校、这个系，你也会修正对自己的看法，应该说，会先被打击一番。"

"怎么讲？"

"因为强人真的太多了。系里有太多神人般存在的人：有一路保送上来的，有出国回来的，都是第一志愿录取，资优班的就不说了，很多都是，那叫作基本款。"育仁笑着说，"有人都不怎么学习，还轻轻松松考得比你好；有人不论再怎么忙，仍然能拿书获奖；有人看起来普通，但会突然在某些超难的科目，比如病理学，成为大家的调分障碍。

"原本你以为自己是个还算特别、还算努力也还算聪明的人，但来到这里，你会发现自己普通到不行，甚至有点笨。

"大学的时候，拼的是读书。进入医院实习之后，拼的就是临床了。从小小的见习医师、实习医师开始。基本你就在食物链的最底层，是最容易被呼来唤去、被压榨的群体。"

育仁露出了"这是理所当然"的表情，用"表情"阻止我对他的经历说出任何想表达同理心的话语。

"你的实习表现与在校成绩，会成为之后选科的关键。每一科的名额都不多，所以有些小科、好科，抢的人就多，所有的同学都会成为你的竞争对手。

"接下来，好不容易选到科，对方也愿意选你，进去做住院医师之后，又是另一轮被压榨的开始。处理不完的病人、打印不完的病历；病人家属有无穷尽的要求；因为你的白大褂是短的，就不把你当医师看，更是家常便饭；当然，有时候也要面对资深护理师和某些主治医师的羞辱。

"对我来说，最困难的事情，应该是天天都有'我什么都做不到，也做不好'的感觉。事情真的很多，但你看别人，会觉得其他人似乎都很自在，都比我能适应，也适合这个工作；但我每天都觉得很慌张、很焦虑。"

说到这里，育仁拿起面前的水杯，喝了一口水。

每天都像溺水般

"听你这么说，好像是一种溺水的感觉，每天都被工作和焦虑给淹没的感觉？"我试着描绘出他的日常。

实际上，光只是听着，我都有种喘不过气的感觉。

"没错，就是这样。"育仁点点头，"你描述得很贴切。"

"即使已经这么痛苦了，却还是每天都要去上班，那一定很不容易。你是怎么撑过来的？"

"不能不去啊！没有什么撑不撑得住。所有的老师、学长都是这样过来的。我的同学也跟我一样，过着这种生活。如果他们都撑得过去，没道理我撑不过去。

"当然，我也会听到一些有人撑不下去的例子。大学时就有，进了医院，当然也有。不过，撑不下去，是很丢脸的。当这些例子成为茶余饭后大家聊天的内容时，虽然可能我们也会偷偷羡慕他，可以不用再过这种生活，但是团体的气氛就是会有一种'撑不下去的人，就是失败者'的感觉。

"医院就是所谓的'弱肉强食'的环境，'弱肉'就是被淘汰、没用的失败者。所以，谁都不希望自己成为弱肉。"

白色巨塔版的丛林求生系列

"大家会这么评论离开的人吗？"

听我问出这么直白的问题，育仁笑了。

"这种政治不正确的话，大家哪那么容易说出口？可是，你知道在这个环境里，其实大家都是这么想的：输的人才离开，赢的人就全盘通吃。"

想象那样的环境、那样的压力，我忍不住毛骨悚然，简直是白色巨塔版的丛林求生系列。"难怪你得那么努力。撑不下去了，还是要告诉自己得撑下去。"

"大家都是这样的。这个工作，每个人都希望你什么都会，你全能，你有用，你抗压能力强，你什么问题都能解决，你可以挽回每一条生命。"

育仁突然轻轻地叹口气，很轻，很轻，或许他自己都没发觉。

"你在这里哭，会给其他人造成困扰。"

"刚开始，我的病人去世时，我会非常难过，半夜偷偷跑到值班室哭。那时候，跟我一起值班的学长走进来，在我旁边冷冷地说，'如果你有时间哭，还不如花时间去好好看一下其他病人，看还有没有可以调整的。你在这里哭，会给其他人造成困扰的'。"

"哇！"我说不出话来，这真的是太严苛了。

"对啊，他们就是这样过来的。他说得也没错，我们实在没有时间难过。一个又一个的病人进来，太多人需要我们，每个人都一直向我们提要求。病人不需要没有用的医生；而在这种环境下，只有一直努力变得很强、很棒，才能够生存。"

"有用"，是为了别人的需求；"很棒"，是为了在这个环境找到生存的价值与位置。两者加在一起，成为铺天盖地的压力。在这里面的每个人，谁都无法逃脱。

唯有关掉自己的情绪，专注在"能力"的培养上，让自己"有用""有能力"，才不会被淘汰，才可以处理每天排山倒海般的事情。

也才有机会撑得下去。

"我们这里可是每天都在死人！"

"不知道从什么时候开始，我变得很容易发脾气；只要有人犯错，我就会对那个人大发雷霆。有的时候，我也会突然出现很绝望的感觉，觉得自己到底在干吗，活着有什么意义？

"回家后，我也变得很容易跟家人争吵，觉得他们讲的事情很无聊，不能讨论比较有意义的事情吗？

"当然，我没时间也不太想跟以前的高中好友聚会。听到他们讲那些生活的琐事，我就觉得很烦。怎么可以有人的人生这么爽，为了主管的几句话就一直耿耿于怀，我们这里可是每天都在死人！"育仁的声音越来越大。

我深深感受到他的愤怒与无能为力。

"情绪"是一种保护与提醒

身为一个人，我们有自己能够承担的痛苦与压力指数。面对每天无能为力的生老病死，会造成极大的创伤；当环境不能给予太多支持，面对工作的需要，我们又必须一直暴露在这样的创伤下，没时间，也没有方式，去消化或面对这些创伤后的情绪时，这些情绪必然会用一些其他的方式让我们注意到，不论是愤怒、焦虑、抑郁还是难过。

因为我们是人,不是机器;有很多事情,不是压下去、不去想,就没事了。

即使我们的确有这样的能力,"关掉情绪",可以将情绪隔绝开来,专注在自己该做的事情,或需要专注力的工作上,例如医生开刀的时候,非常需要这样的能力。但,这个能力如果长期使用,甚至因为太方便或无奈,使得这个能力成为生活适应的一环,随时都处在情绪隔绝的状态下,就会让人离自己的感受越来越远,等到发现不对劲时,往往已经很严重了。

因为,"情绪"是一种提醒,提醒我们有事情不对劲,要留意、进行调整。当我们没有时间去注意它时,它会溢出来,慢慢吞没我们生活的各方面。而生活与自己,有可能就会因此越来越失控。育仁就是这样的例子。

不是他能力不够强,而是太好,他把"关掉情绪"这个能力发挥得淋漓尽致,借此在这样困难的环境中生存;但他本质仍是一个善感、在乎他人心情与感受的人。

当我们要自己戴着面具变成另外一个人时,当我们要求自己"不能有感觉"时——我们原本是为了生存才做这件事,但这样做却剥夺了我们生而为人最基本的权利与本能。

会有这么多感受与情绪,或许是上天赐予我们的礼物——因为,我们原本就是为了感受这个世界,才降临到这个世界的,不是吗?

第二步

抗拒

当对幸福的憧憬过于急切,痛苦就在人的心灵深处升起了。

——加缪

不能说的秘密

"一定要赢"先生：
我们不想面对的，可能是真正重要的事物

"要解决恐慌症的问题，你只要告诉我怎么做就好，为什么要跟我谈我的私生活？"

当我向明耀提出想和他聊聊他生活的其他部分，例如他的父母，或是他的工作、他的伴侣关系时，明耀非常不爽。

"难道不能直接告诉我解决问题的步骤，我按照步骤做就可以变好了，不可以吗？你们没有标准作业程序吗？

"每次一定要讲一大堆才能解决问题？心理咨询这个专业也太没效率了，我哪有那么多时间可以聊天！"

明耀又开始抖起脚来。这次更直接，他同时用手指在旁边的桌面上"咚、咚、咚"地敲着，发出急促的声响。完全是在用各种非语言行为展现他的不耐烦，没有跟我客气。

"像你说的，你是一个抗压能力这么强的人。现在的工作压力也没有比以前大，或是比以前辛苦。所以我想，会不会与你的生活其他部分有关，例如与家人的关系等，这些方面是否有什么改变，或是对你产生什么影响？"

面对明耀的不耐烦与质疑，我暗暗提醒自己深呼吸，让自己说话的声音再慢、再温和坚定一些，只为了清楚表达：

"我是真的认为,这对你很重要。我也想更了解你。"

听完我说的话,明耀瞪大眼睛看着我,保持沉默,似乎想看看我在这样的压力下是否会退却。

我继续微笑,一语不发,眼神温和地望着他。

两个人大眼瞪小眼好一阵子之后,明耀突然翻了个白眼,叹了口气,整个人往后靠向沙发:"好吧。那你到底要我说什么?"

我似乎有一个哥哥……

"看你想到谁、想到什么事,想说什么,就说什么吧。"我继续带着鼓励的微笑,同时内心不停对自己喊话:"撑下去。"

"想到谁?我的家庭很普通,爸爸在我大学时就去世了,我妈妈还在,开了一间小小的杂货店,我家就我们三个。"说到这,明耀眼珠子突然转了一下,像是想到了什么,但迟疑着没说。

"你想到什么了吗?"我直直地看向他,口气和缓,但眼神没有犹豫。

他看着我,想了想,终于说出口:"我似乎还有一个大我十二岁的哥哥。"

"似乎?"我重复他的话。

"嗯。"他抬起头来看看我,"我说家里只有三个人,是因为我对这个哥哥一点印象都没有。是前阵子,我妈突然说的,我吓了一跳。"

"你妈说了什么?"

"前阵子,有个在高中时很照顾我的学长,突然因为心肌梗死去世。我收到消息后很惊讶,刚好我妈打来电话,那学长我妈也认识，我跟她提到这件事，顺口说，我要去参加那个学长的葬礼。"明耀不自觉地瘪着嘴。

"我妈听了，大概很感慨，所以唠叨了我一下，就是她常讲的那些，要我注意不要过劳，然后，她突然说：'你爸跟你哥都是心脏病走的，说不定你也有遗传。'那是我第一次听我妈提到我哥。应该说，那是我第一次知道自己有哥哥。"

"所以在这之前，你们家从来没有提过你哥？也没有你哥的东西或照片？"我听了有点意外。

虽然说明耀的哥哥大了明耀很多岁，也在很早之前就过世了，但在家中完全不提这个曾在家里出现过的人，是很少见的状况。亲戚或家人间，应该或多或少都会提到。

但他们家没有，好像这个人从来没在他们家里出现过，完全消失不见。

"对啊。所以你可以想象，我第一次听到的时候有多震撼。我本来想再多问一点，我妈就急忙挂了电话。后来，我打电话去问我叔叔，我和叔叔，大概我爸过世之后就没有再见过了。"明耀拿起水杯，喝了一口水。"我想问问他是否知道些什么。不过，他也讲得吞吞吐吐，说不是很清楚。总之，拼凑起来，好像我有个大我 12 岁的哥哥，在九岁那年因为心脏病走了。不过，我叔叔说，我爷爷好像很疼我这个哥哥。"

"所以，听你妈妈说，你爸爸跟你哥哥，都是因为心脏病去世的吗？"

"嗯，我爸是，这样听起来，我哥可能也是。不过我爸是因为酗酒造成的，我哥好像是先天的。"明耀不自觉地抿抿嘴。

家族不愿意触碰的秘密

"知道这件事，对你造成了什么影响吗？"我看着他。

"被你这么一说，我想起来，第一次恐慌发作的时间，好像是知道这件事情之后没多久。"说到这，明耀突然笑了。"不会吧！我居然是因为被我妈暗示，怕自己跟爸爸或哥哥一样有心脏的毛病，所以恐慌发作吗？这也太好笑了吧！"

听着这件事，不知怎么，一直让我有种"怪怪"的感觉。

为什么明耀的哥哥在这个家里讳莫如深，只是因为他早逝吗？但早逝的原因，似乎不能合理说明，为什么这个家居然完全没有他哥哥存在过的痕迹呢？

对他爸妈来说，一个孩子的离开，他们是怎么去消化、去面对的呢？是什么让他妈妈对此绝口不提？

这里面有许多谜团，就像家族不愿意触碰的秘密般。妈妈似乎也不愿意说，我想明耀也有同感，否则不会私底下去询问很久没有联络的叔叔。

知道这件事，对明耀来说，的确是有冲击的；只是此时，我们两个都还不知道，这件事对明耀的人生产生多么重大的影响。

不犯错小姐：我希望，你觉得我很好

"有件事情，我不知道需不需要说。"在咨询室里，坐在沙发上的怡琪，突然吞吞吐吐地说出这句话。

我很认真地看着她。现在她要告诉我的事，一定是对她很重要的事，才会需要这么挣扎："什么事呢？"

"我……压力很大的时候，会买很多东西回家吃。吃完之后，会再全部催吐出来。"

怡琪低下头，完全不敢看我，像是一个觉得自己做了错事、怕被责骂的小孩。

"秘密"往往带着"羞愧"

"说出这件事，对你一定很不容易。这个状况，是从什么时候开始的？"我鼓励怡琪多说一点。

"……从我大学时，偶尔就会出现这个状况。有时候要赶重要报告，或是期中期末考前，觉得压力很大时，我就会这么做。毕业工作后，这好像慢慢变成一个习惯，几乎天天都会这样。"

"那通常是什么状况？你愿意举例说说吗？"

"比如说，今天开了会，我又觉得自己很糟糕。工作结束后，我就会买很多东西回去吃，例如一大桶炸鸡加上一堆薯条，还有薯片和一大瓶可乐、好几个蛋糕等等。一口气吃完后，又很有罪恶感，很害怕自己变得很胖，所以我会再去催吐。

"吐完之后，会有一种'松了一口气'的感觉，但也感觉非常糟糕，很讨厌自己这样。"

对怡琪来说，暴食症成为她无法诉说的情绪出口。吞咽下与吐掉的那些，就像那些她无法辨识，也无法说出口的情绪与压力。于是，暴食症变成一种仪式，成为她日常纾压的管道，也成为她生命中不可或缺的一部分，和怡琪一起，面对与安抚她最糟糕、最不堪的样子。

只是，这样的过程，虽然让压力暂时缓解，却也带来更强烈的"觉得自己不好"的羞愧感。

强烈的自我怀疑——怀疑自己能力不够、自己不好以及暴食症等，都成为怡琪生命中不能让别人知道的"秘密"。

而"秘密"，是带着"羞愧"的：只要需要掩盖某些事，那些事就会让人觉得丢脸、觉得自己很糟，因为"这件事不好，不能让别人知道"。

若长久不说，本来是我们"觉得这件事不好、很丢脸"的罪恶感，就会转移到自己身上，变成"觉得自己有地方不好、不能让别人知道，很丢脸"的羞愧感。

对怡琪来说，如果这是隐藏那么久的秘密，现在要说出口，要面对自认为不够好的自己，是非常需要勇气的。

以"吃东西"来抚慰自己

"听起来，这个习惯陪你度过很多辛苦却没有办法向别人诉说的时刻。我很好奇，用吃东西来抚慰自己，这是你一直以来的习惯吗？还是大学才开始呢？"

怡琪开始玩起她的手指。

我们又陷入了沉默。

过了一阵子，像是下了决心般，她突然抬起头来，对着我倒出这些话:"从我中学开始,我就会一直吃东西。那时候我是个大胖子,没有人喜欢我,爸爸会打我,妈妈不要我。"

我看着她,她看着我。

"你刚刚说的是很重要的事。愿意再多告诉我一点吗?"听到她的话,我的心揪成一团,我放慢我的声音,鼓励怡琪再多说一点。

开了头之后,要多说一些,似乎就比较容易,怡琪娓娓道来自己的成长岁月。

"妈妈,不要走"

怡琪是独生女,从小爸妈就常发生冲突;严格说来,是爸爸喝酒之后大吼大叫,然后妈妈回了几句话之后就被打。从怡琪有记忆以来,就不停看到这样的冲突;甚至有的时候,爸爸还会为了气妈妈,把怡琪抓过来打给妈妈看。

记得是怡琪十岁左右,父母的某一次冲突,喝醉酒的爸爸,又一次打了妈妈后,妈妈随手拿起自己外出的包包冲出了家门。

当时还是小学生的怡琪,记得自己跟在后面跑,一直哭着说:"妈妈,不要走。"

那时候的她,有一个很深的预感:"如果现在让妈妈走,妈妈就再也不会回来了。"

没想到,预感成真了。

她还记得,那时候,在她的呼喊下,妈妈停了下来,看了她一眼,然后头也不回地走了。从此,妈妈再也没有回来过。

我应该恨爸爸，但其实很难

"后来，你是怎么度过的？"

怡琪跟我分享的事，很重、很重，沉甸甸地压在我的心上。

"生活还是要过。我爸还是照样喝酒，有的时候想到什么，也可能对我拳打脚踢。他还会对着我一直骂妈妈，说妈妈就是不要我了。"怡琪笑了，眼眶带着泪。

"我应该恨他，但其实很难。因为他仍有疼爱我、对我好的时候，例如没喝酒的时候。他会记得我喜欢吃什么，不管要排多久，他都会去排队，然后买回来放在桌上，装作不在意地说是别人送他的。

"我知道，他是爱我的。"怡琪流下眼泪。

"中学的时候，我姑姑跟我爸说，我学习成绩好，最好让我去读升学率比较高的学校，我爸就把我送去了一家很有名的升学率很高的中学。

"换了个新环境，大家看起来都很厉害，我不知道怎么跟别人相处；而且，班上有个同学，是小学隔壁班同学，住我家附近。我老家在乡下，谁家有什么事情全村人都很清楚，那个人就到处跟别的同学乱讲我妈离家出走的事。

"因为他，再加上那时候我又丑又胖，又不会说话，所以根本没有人想跟我做朋友。我不知道该怎么办，只是觉得自己很寂寞。

"那时候回家，我就是念书、吃东西。没有多久，我就从胖变成超胖，被嘲笑是家常便饭。连我爸爸都会嫌弃地对我说：'你会念书有什么用，这么胖，以后没人敢娶你。'"

说到这，怡琪的眼泪扑簌簌地掉下来。

"听到他的话，我忍不住回说：'结婚有什么好，你老婆还不是被你打跑了！'然后我爸就赏了我一巴掌。"

怡琪又笑。那种笑，真的让人很不忍。

"被你这么一问，回想起来，好像就是那时候，我慢慢习惯靠吃东西解压，感觉到自己很糟、很寂寞的时候，就吃东西，不然，就念书。"怡琪用手背擦着眼泪。

"'觉得自己很糟'的感觉，是觉得自己不被喜欢吗？你那时候是怎么看自己的？"

"没错。我就是觉得，我不会被任何人喜欢，没有人会爱我；如果我没用，别人就会抛弃我。你看，我妈就是觉得我是拖油瓶，所以她离开，根本没有想带我走。"

那是很深、很深的孤单，也是很深、很深的痛。
妈妈丢下了我，把我留给爸爸，不管我的死活。
是不是因为我不够好，所以你才不要我？

对怡琪来说，那时候不会抛弃她的，就是食物了。在被爱的渴望与不被接纳的寂寞当中，没有兄弟姐妹一起面对这一切，也没有朋友；会伤害自己的爸爸，又是唯一的照顾者，虽然没办法狠下心来恨他，却也不敢让他靠近。

于是，能够陪伴自己不寂寞的，就只剩下食物；能够证明自己还有点价值，可以活在这世界上的，只有学业成就。

这两样东西，成为后来陪伴怡琪、度过一次次自我怀疑与难关的重要伙伴。

"我其实不太跟别人讲家里的事。例如现在，我身边没有人知道我家里的状况。"她有些犹豫地看着我。

"你很在意说出来之后我会怎么看你吗？"

怡琪迟疑了一会儿，点点头。

"那你要不要直接问我看看？"

怡琪盯着自己的手，然后，抬起头看向我，不过，不敢对上我的眼睛。

"你……听了，觉得我怎么样？"

"我觉得，你真的非常、非常的努力，真不容易。"

怡琪抬起头，看着我，我看着她，我们同时红了眼眶。

眼泪，汩汩流出。

不愿碰触的禁忌

"钢铁先生"：逃不开的过往

第一次与昱禹谈完后，我提出一个建议：

他会来咨询，主要是因为和太太之间的沟通困扰（虽然他似乎一点都不觉得困扰），所以我邀请昱禹的太太和昱禹一起进行伴侣咨询，也询问昱禹的意愿。

昱禹一脸可有可无地耸了一下肩，说他回去再跟太太说，看她愿不愿意一起来。

第二次见面时，昱禹与太太一起来了。

我就跟没有老公是一样的

"我经常觉得很挫败，不知道他在想什么，他也不知道我在想什么。"

进到咨询室后，两人一在沙发上坐下来没多久，昱禹的太太芯玲立刻开宗明义，说了这句话。

昱禹一句话都没说，跷着脚，整个人靠在沙发的边边上，离芯玲很远，转头看向窗外。

"你能说说看，发生了什么事，让你有这种感觉吗？"我鼓励着芯玲。

只有他们愿意多告诉我一些两人相处的状况，我才有机会了解他们之间到底发生了什么事。

"先说让我觉得最无力的事情好了。我知道他工作很忙，常常需要加班到很晚，所以没时间陪我们，平时晚上需要休息，也没办法与我们好好相处，这个我都能懂。可是到了节假日，我和孩子都很期待他可以带我们去哪里走走，但他就是睡觉，问他周末要不要出去玩，他都说：'嗯，再看看。'多问几次，他就板起脸不说话。

"有时候我想,他工作忙,很难有时间想可以做什么休闲活动,那不然我来安排。我有时就会安排几个家庭的聚会活动,但他都不太想去。

"嫁给他之后,我从台北搬到新竹,没多久又生了孩子,家人、朋友都不在身边,一个人照顾小孩,他像在身边,但其实不在,我就跟没有老公是一样的。"

或许很久没有人可以听芯玲好好说话,芯玲一连串地倒出许多自己的害怕与委屈:害怕人生地不熟的孤单,委屈于独自育儿的辛苦,以及对婚姻、对另一半的失落。

"所以,你理解昱禹工作上的辛苦。只是换到了新环境,面对育儿与生活适应的困难,很需要一些支持,所以你希望能跟昱禹再靠近一点,希望多得到一些力量,感觉你们是一起努力的。这能让你不那么孤单,可以再撑下去,对吗?"

芯玲看着我,露出"你懂我"的神情。她点点头。

我说完,昱禹看了我一眼,继续转头看向窗外,看起来很像是隔壁并桌的客人。

我们都在他的世界外面

"昱禹,你听到芯玲的话,感觉怎么样?你觉得,能理解她吗?"

昱禹一脸好像大梦初醒地看向我:"这些话,我常听啊,很熟。"

"你常听?你想懂吗?你知道我多有挫败感吗?"听到昱禹的

话,芯玲忍不住又爆炸了。显然昱禹的这句话戳中她的痛处,让她感觉自己好像一直在重复抱怨同样的事情。

不过,我微微地感觉到,昱禹把我们全部的人都关在他的世界外面,不让我们靠近他。

是不是我们在做的这些事情,让他感到不安与危险,所以,他必须先保护自己呢?还是,他在害怕什么?想保护自己,不要碰触、打开什么?

"昱禹,这些话,你常听到。不过,这可能是第一次,你们一起在别人面前讨论这件事情。现在听到这些话,在这样的情况下,你感觉如何?"

"唉。"昱禹叹了非常大的一口气,"我不知道该说什么。"

锲而不舍,是心理咨询师必备的强大心理特质之一。"所以你似乎已经感受到了什么,只是不知道怎么说?"

芯玲又想要说什么,我稍稍用眼神与抬手示意,请她先缓一缓。

过了一小段时间的沉默,昱禹说话了:"我觉得,我也让步了很多东西。只是,她好像都看不到。"

"听起来,你觉得自己努力过,但当芯玲没有接收到你的心意时,让你感受很挫败?"

昱禹又叹了很大一口气:"习惯了。"

如何一秒激怒自己的另一半,昱禹简直就是个中好手。果不其然,听到昱禹这么说,芯玲立刻跳脚:"什么叫习惯了?所以好像你做很多,我都没有发现,你很委屈就对了!!"

此时,我立刻切入:"昱禹,我想你的意思是,你一直不知道怎么让芯玲知道,其实你感受到了她的沮丧,你也曾用你的方式帮她,只是不知道怎么传达给芯玲?"

听到我的话,芯玲安静了下来。昱禹看着我,然后,缓缓点点头。

你有没有心?

"会不会因为你从来没说过,所以芯玲不知道呢?"

昱禹看了我一眼,不说话。

"如果是这样,你要不要在这里,试着说说看,你看到了什么,你又怎么用你的方式帮芯玲?"

芯玲突然插话进来:"你不要跟我说你很努力工作,赚钱养家,这个我知道,我也没有否认。我现在跟你讨论的,是你有没有心。"

听到"有没有心",好像戳中了昱禹的痛点。他不说话良久,然后又深吸一口气,开口说:"没有心,我就不会随便你花钱,什么都不问;没有心,我就不会看到你藏起来的酒瓶,当作没有看见;没有心,我就不会为了不离婚,宁愿在公司待着,不要回家看到你醉醺醺的样子。"

真是平地一声雷。

我和芯玲惊讶地看着昱禹,显然芯玲比我惊讶更多:"所以……所以,你都知道?"

"知道你跟我妈一样会酗酒吗?知道啊。现在换我问你,如果你是我,你要怎么做?是跟我爸妈一样,吵得天翻地覆?还是

第二步　抗拒

直接离婚？伊伊怎么办？"

伊伊，是他们三岁的儿子。

昱禹露出"你怎么会以为你瞒得住"的表情，往后躺入沙发。

后来，我从昱禹说的话中断断续续拼凑出信息。

原来，昱禹从小就看着妈妈酗酒，从偷偷喝，变成光明正大喝。因为喝酒，妈妈会忘记接昱禹或弟弟妹妹回家，忘记做饭，接下来，生活越来越困难。因为爸爸长期在外地工作，半个月才回家一趟。其他时间，身为大哥的昱禹就负起了照顾妈妈与弟妹的责任，但他非常痛苦。

有时爸爸放假回到家，看到妈妈的样子，会跟妈妈大吵。吵完之后，爸爸又一阵子不回家。昱禹有时候分不清，是自己独自面对妈妈这个样子比较痛苦；还是看父母吵架，爸爸头也不回地出门比较痛苦。

家，当有人抛下，就有人需要留下。

昱禹就是为了这个家，留下的那个人。

"我认为，一个人爱别人的方式，就是做好自己该做的事，不要给对方找麻烦。"昱禹带着一点情绪，有些用力地说出这句话。

听到昱禹说的这句话，芯玲突然发火了："所以你的意思是，我都没有把家里照顾好，我都没有做好自己的事，我就只是喝酒，跟你妈一样，把你们都丢下不管，是吗？你知道，为了让你可以有个幸福的家庭，我有多努力？你为什么从不肯定我，每次都要从我身上找你妈？你到底知不知道，为什么我要喝酒？你知不知道，我这么努力，只是很想要你陪着我？"

听到芯玲一边哽咽一边说的话，我的眼眶湿了。

对于"芯玲喝酒"这件事情，几乎就是个"鸡生蛋，蛋生鸡"的议题：

生活与育儿过大的压力，与过少的生活支持资源，加上知道昱禹工作很忙，"不想让他担心"，让芯玲想独自消化这些压力与情绪，当她无法负担时，于是喝酒逃避。

发现芯玲开始喝酒的昱禹，被勾起过去不堪的回忆，更加不想要面对家庭与芯玲而逃避；感觉与昱禹越来越疏远的芯玲，无力感更深，寂寞与孤独时，更需要酒的抚慰。

只是，面对芯玲的话语，现在被过往攫住的昱禹不为所动。就像交代完他该交代的事情，说完前面那些话后，不论我与芯玲说什么，他都没有再说一句话。

和以前的习惯一样，面对太过痛苦或不想面对的事情，昱禹不知道该怎么处理那些巨大的情绪；于是，他建了一座极为坚固的堡垒，把自己关起来，自己不出去，别人也进不来。

刚刚，他正在我们面前，把那道厚重的门用力关上。

谁，能有这道门的钥匙？

完美妈妈：是不是因为我不够好，所以你不要我

很难得看到雅文一身便装，穿着运动服，戴了顶鸭舌帽与墨

镜，素颜出现在咨询室里。

以我对雅文的认识，她大概是那种，只是出门倒个垃圾，穿着跟妆容也都无懈可击，完全不会让人有机会看到她松懈的样子的人。

几乎不管在哪里、任何时候，她都处在"备战"状态，不能让别人看到她"不完美"的样貌。

这个"专注完美，近乎苛求"的习惯，让她就算再累也松懈不下来，随时都在留意自己在别人眼中的样子。

因此，今天这个样子的雅文，是我第一次看到，就像她卸下了一小部分的武装。

"Hello（你好），难得看到你打扮得比较轻便，看起来很像大学生。"保养得很好又天生丽质的雅文，即使是两个孩子的妈妈，看起来还是童颜无敌。

"哈哈，最近实在是太累了，不想那么辛苦。"

雅文摘下墨镜，帽子还是戴着，习惯性地稍微压低了一下帽檐。

"什么事让你那么累？"

雅文看着自己的手指，手指甲看起来修整得很规律，指甲颜色素雅，却完美无瑕。"我之前好像只跟你说过我妈妈的事，我还有个爸爸，不过十几年没联络了。"

之前我们见面谈了几次，后来雅文就因为工作忙，向我请了两次假。谈话的那几次，除了谈到她生活的情况，也谈到她的妈妈。听起来，雅文的妈妈是一个要求相当高的人。小时候，如果她有事情没有达到妈妈的标准，就会被打，或被言语羞辱一顿，可以说是家常便饭。

"这么简单的事情，你也做不到吗？"

"你把事情放着，你以为谁会帮你做？"

"怎么会把事情做成这样？你是猪脑子吗？"

妈妈对雅文要求极为严格，从生活细节到功课，样样都要雅文达到她的标准。只是，妈妈的标准非常高，几乎是把小小的雅文，当成一个能力很好的大人在训练。

连大人都不见得能做到的事，却要雅文事事完美。这种强大的压力让雅文形成了苛求自己的性格。

"没有用的人，没有资格活在这个世界上。"

"没有用的人，没有资格活在这个世界上。"这是她妈妈的经典名言。

雅文拼命追赶着妈妈定下的每一个目标。

雅文的妈妈是个完美主义者，她本来是一家公司的老板，后来为了照顾雅文，需要规律的上班时间，于是决定注销自己的公司，到一般的贸易公司上班。即使工作很忙，在雅文小时候的记忆中，妈妈还是会给雅文做三餐，送雅文去上学，督促雅文学习。

当雅文看到，工作如此忙碌的妈妈，仍然坚持照顾她的生活，雅文就觉得，自己应该努力达到妈妈的标准，回报妈妈对她的爱与期待。

"不过，那时候，我有时候会偷偷地想，如果我很笨，没有能力达到妈妈期待的标准，她的生活是不是就会有缺陷？她是不是会对我很失望，然后就放弃我？"

这个念头虽然曾经在小小的雅文的脑中闪过，但她很快就把这个想法甩掉，就像是殉教一般，努力完成妈妈的每个期待，成就妈妈的完美生活。

对爸爸来说，原来我从来都不重要

"关于妈妈你聊了很多，那你的爸爸呢？"

那时候，在雅文的侃侃而谈中间，我插问了这一句。

雅文沉默了一会儿，说："我爸爸在我小学时就不跟我们一起住了。我现在也十多年没跟他联络了。"

然后，她继续专心地跟我聊妈妈、聊她的生活、聊她先生和其他人，再也没有提过爸爸。

而今天，她主动提到了爸爸这个话题。

我露出鼓励的眼神，期待她继续往下说。

"我和我爸爸很久没联络了。我很小的时候，他就不跟我们住在一起。一开始是因为他在外地工作，但后来，我爸好像就没联络了。"雅文咬咬嘴唇，接着说，"那时候，大人都说我爸爸欠了一大笔债，跑路了。"

"过了很多年后，大学时，我们联络上了一阵子。但是没多久，他又跑路了，这次好像有一点连累到妈妈。那时候，妈妈的存款都赔了进去，甚至还因此背了好几百万的债。妈妈受到很大的打击，一蹶不振，还患了抑郁症。"

"原本我打算要出国念书，但家里这样也没有办法，只好放弃拿到的奖学金。我就留在台湾，大学一毕业就赶快工作，赚钱养家，也要还债。一直到最近，我才帮我妈把那些钱还完。"

雅文平铺直叙地说着，没有什么情绪起伏，像是谈论别人的事。

我很难想象，那段日子，是多么不容易。

"最近，我爸突然打电话给我先生，不知道他从哪找到的电话。他说，是想知道我结婚后过得如何。不过没说两句，就问我先生可不可以寄钱给他。我先生含糊地敷衍他之后，回家告诉我了这件事。"

说到这里，雅文突然笑了。

"本来我还没有觉得我爸自私、不在乎我，最多就觉得，大概他对我没什么感情，也不太想过问。不过其实也还好，毕竟没有人规定，父母一定要喜欢自己的小孩，就像小孩也不一定喜欢自己的父母。既然彼此感情淡薄，就像大家常说的，也就没缘，倒不用强求。"雅文整个往后躺进沙发里。

"但是，不闻不问这么多年，假装要关心我，实际上是要跟我先生要钱，这种事他做得出来，也算是厚颜无耻了。他完全没有想过，他做这件事，会不会对我的婚姻造成影响？我先生会怎么看我？我的处境会变得如何？"

我听了，一句话都说不出来。

当雅文发现，对爸爸来说，雅文从来都不是这么重要；重要的永远是爸爸自己的需要，有时甚至为了满足自己，而不惜伤害孩子的生活，那是很痛的。

是不是因为我不够好，所以你才不要我这个女儿？

"你先生跟你说了这件事后，你的反应是……？"

"我的反应？我当然立刻打电话去臭骂我爸一顿。"说到这，雅文顿了顿，"有点好笑，我打过去，居然立刻大吼大叫大哭，我先生都吓得跑到我身边，在我打电话的时候，不停摸我的头、安抚我。我也是蛮意外的，我居然会哭。"

雅文又笑了，好像在讲一件趣事。

"不过，十多年没联络了，我打过去吼的某一句话，是我今天会来找你的原因。"

"你说了什么？"

"我对他大吼：'我一直觉得，是不是因为我不够好，所以你才不要我这个女儿？'"

这句话太具震撼力，空气似乎凝结了。

我和雅文被这句话压住，两个人都有点喘不过气。

不能让妈妈失望

我深吸一口气，缓一缓："对你来说，这句话的意义是什么？"

雅文深深吐了一口气。

"我只是很意外，我居然会说出这种话。

"从以前到现在，我对我爸从来就没有什么想法。应该说，我只是觉得他不负责任、让妈妈很辛苦，不过像生气或是难过、想念什么的，我都没有。简单地说，我对我爸基本无感。我不觉得我的生命有他或没他有什么差别，我也不认为我需要爸爸。

"一直以来，我以为我会那么努力，只是被生活所迫。妈妈需要我努力，她需要我做到她想要的样子。毕竟，爸爸已经让她失望了，而妈妈也为了我，放弃她的公司，放弃她的未来，所以，我应该要尽力达到妈妈的标准，让她不要失望。"

"所以，'不能让妈妈失望'，是你人生的目标？"我问。

"应该说，是我的出厂设定。"雅文笑了，"这个设定扎根在我体内，近乎本能。努力去达到、做好每件事，是我一开始就被设定好的程序，也是我活在这世界上最重要的用处。"

"那如果没有做到呢？"

"那我就没——有——用——了。"雅文笑得近乎自虐，"不过，我没有发现，原来，除了妈妈，我爸也在这个出厂设定上推了一把。"

"听你对爸爸吼的那句话，其实你曾经认为，他不在你和妈妈身边，是因为你不够好？"

"老实说，我很不想承认这种事。我不想承认，我爸对我的影响这么大，我也不想承认，他对我真的会有影响。"雅文盯着远方，"我对于自己居然这么脆弱，居然会被一个几乎不在身边的人影响，蛮意外的。"

雅文似乎拼命想要淡化，或是试图理性看待，其实自己在乎"爸爸不在身边"的这件事。

或者说，她没想过她真的在乎，而她还在消化这个冲击。

"你很在乎你爸爱不爱你吗?应该说,你很在乎他不够爱你吗?"

雅文仰头往上看,她笑着说:"拜托,这种事情都要在乎的话,还要不要生活?"

只是,有一滴很小很小的眼泪,滑过她的脸庞。

她希望,我假装不知道;而我,没有戳破。

只是和她一起,沉浸在属于她的悲伤里。

不能消化的痛楚

自责小姐:所以,我被放弃了吗?

欣卉有点不安地坐着,右手一直来回搓着左手手臂。

前几次咨询,我们除了讨论她希望来咨询的原因,也讨论了她的咨询目标。

她希望能够通过咨询,让生活慢慢回归正轨,不要这么漫无目的,套用一句她说的话:"希望可以让我不要那么废。"

虽然她似乎同意我所说的:现在的她,可能因为之前的过度努力、过高的自我要求而缺乏弹性,所有的"放弃",其实是过于"害怕自己做不好""担心自己很糟"的反扑。不过,很习惯自我要求的她，仍然希望能够有一些步骤，让她可以遵守，一步步回归正轨。

于是，我给了她一个提议：每天考虑尽量让自己出门散散步、走走路，把这个当成生活的例行公事之一。

给了这个"提议"之后，后来连着的三次咨询，欣卉都临时取消、"突然忘记"或是"记错时间"。

我猜，这表示我们之间，可能掉进了她与权威的重复模式中：希望权威给她一个标准，让她可以做到，这样就能暂时相信自己符合权威标准、代表自己"暂时是好的"，以安抚"担心自己不够好，而让人失望"的焦虑。但是一旦没有做到对方的标准，欣卉就会被自己的想象打倒，觉得对方一定会对自己"很失望"，因而觉得自己很糟。

如此，她不得不逃回自己的避风港里，逃避面对权威和之后的所有事。

所以，或许欣卉因为某几次没有做到我的提议——出门走走，于是，强烈的羞愧感又把她整个笼罩住，让她完全无法逃开，掉进自我嫌恶的无力感中。

不过，我继续向她重申了我们的咨询架构，也稳定地与她约定下一次咨询的时间。

后来，欣卉终于来了。

你会不会对这样的我失望？

在咨询室里的她，显得有些焦虑。

第二步　抗拒

"坐在这里,会让你紧张吗?我发现你好像一直在搓手。"我留意自己的声音,放缓语速。

"……有一点。"

她对我笑了笑,带着一点抱歉的感觉。

"我不知道,现在你的紧张,是因为我们有点久没见了?还是因为,之前几次咨询的取消,让你对我有些不好意思?或者是,有其他原因?"

欣卉看向我,似乎没想到我这么快就破题。

"……有点不好意思吧。"她看起来有些抱歉地笑笑。

"所以你很担心,这几次取消咨询后我的想法吗?"

欣卉慢慢地点了一下头,没有看向我。

我直直地看着她,很认真:"那,你要不要直接问问我,我对你的想法是什么。"

欣卉看起来有点受到了惊吓。她抬头看向我,看到我认真的眼神。我们互视了一阵,保持了一阵子的沉默,她终于打破了:

"你……是怎么想的?"

会不会觉得,这样的我很不好?

你会不会对这样的我失望?

"我一直在想,不知道你发生什么事了。很希望有机会跟你见面,看看有没有什么是可以一起讨论的。"我微笑着看着她,"我想,如果会让你这么在意我的看法,今天还能来这里面对我,对你一定很不容易。所以，很谢谢你今天愿意来。"

欣卉低着头。从身体的动作看来，她似乎稍微放松了些。

她抽了一张纸巾，擦着眼。

我没有说话，等着她慢慢准备好，等她回到这个咨询室里。

我没见到外婆最后一面

"谢谢你。除了我外婆，我没有什么觉得自己犯了错却不被责骂的记忆。"

"外婆？之前好像没有听你提过她？"

"嗯，她在我开始工作没有多久就去世了。那时候，我工作正忙得不可开交，上班一般都不会注意手机。其实外婆因为癌症已经病了一段时间了，前阵子才状况转好出院，所以，我没想到这天来得这么快。"

欣卉无意识地折着手中的纸巾，将纸巾折成很小的长条。

"那天，我在外面和客户开会，一整天都没有看手机。开完会之后，才发现手机有几十个未接来电，还有信息。赶到医院时，外婆早就走了。我没见到她的最后一面。"

欣卉把纸巾摊平，重新又折了起来。

好似以这个方式，可以整理自己说这件事的心情，让情绪可以被控制，自己也不至于崩溃。

"阿姨对我说，外婆临走前，还在念叨我的名字。"

欣卉像是忍耐着什么，忍不住晃动身体，一手捂着嘴。

我想象着欣卉的心情，即使我的想象可能不及她的万一，我

第二步 抗拒

仍有很痛的感觉。

"外婆是全世界最爱我的人，我是她带大的。对她来说，我怎样都是好的。"欣卉眼眶带着泪，但她笑了。

外婆对她来说，是很重要的人。

欣卉开始说自己和外婆的回忆。

我永远都不会忘记那个表情

从小因为父母工作的关系，加上她是老二，爸妈就把欣卉放在外婆家给外婆带，每逢周末才会去外婆家看她。

随着欣卉慢慢长大，她觉得很奇怪，为什么姐姐跟弟弟都和爸妈一起住，可是自己没有。有一次，她忍不住问外婆。外婆说："你爸爸做医生开诊所，你妈妈要帮忙，会比较忙。你弟弟还小，需要妈妈照顾；姐姐比较大，自己能照顾自己了，你爸妈顾不到她，也没关系，而且因为她念书的学校在家附近，所以住一起比较方便。"

说到这，外婆突然笑了，抱住欣卉说："你爸爸妈妈怕他们太忙，没办法好好照顾你，所以拜托外婆。你不喜欢外婆吗？外婆很喜欢你呢。"

欣卉记得，那时候听到外婆这么说，满腔热血上涌，立刻用力地回抱外婆：

"我最喜欢外婆了。我不要离开外婆！"

那时候，面对父母不在身边的失落，欣卉安慰自己："没关系，我还有外婆。"

于是，欣卉一直与外婆同住，直到小学三年级时，爸妈希望送欣卉去念住校的私立学校，才把欣卉从外婆家接走。

欣卉记得，她当时很痛苦，还有几次偷偷逃课，自己坐公交车跑回外婆家看外婆，最后的结局都是哭哭啼啼地被爸妈带回学校。

那时候，外婆倚着门，含泪送她离开的神情，深深印在她的心里。

"我永远都不会忘记外婆的那个表情。"欣卉说完，抿着嘴，强忍眼泪。

我像是个外面捡回来的野孩子

住校的欣卉，每逢周末开始回到父母与姐姐、弟弟在的那个家。

记得刚回到家时，她非常不安，感觉自己就像是外人一样。

"那时候我才小学三年级，但就有个很深的想法，就是：这个家，没有我的位置。"欣卉轻轻地说。

几次从外婆家被抓回来之后，欣卉被迫接受了自己不能再和外婆一起住的结果。当她意识到"这就是我以后的家了"，只好努力地融入这个家。

努力遵守妈妈的规矩、爸爸的要求，在这个家生存下去。

"我在外婆家，是过得很幸福的，不会有人骂我、批评我。因为外婆家在乡下，附近邻居也都认识我，我可以自在地跑来跑去，每个人都很喜欢我。

"搬回爸妈家后，姐姐跟弟弟好像觉得我是侵犯他们领地的外人。然后，这个家有很多规矩：吃饭的规矩、穿衣服的规矩、各种生活的规矩……那个时候，妈妈不停地骂我、嫌我；姐姐、弟弟看我的表情，就像我是个外面捡回来的野孩子。"

欣卉轻笑了一下，然后深出口气。

"在这个家住了一阵，你就会发现，姐姐是爸爸的最爱。因为她既优秀、漂亮又听话，常去参加一些校外的竞赛，得名次是家常便饭，家里她的奖状奖杯多到放不下。我爸对她寄予厚望，希望姐姐以后可以继承家里的诊所，像他一样当医生。

"弟弟就是我妈的心肝宝贝。他小时候嘴巴很甜，长大之后各方面也都非常优秀，小学五年级就跳级念初中。虽然没有像我姐十八般武艺样样精通，但靠念书也是人生胜利组了。

"就剩我，高不成，低不就。不像姐姐那么多才多艺，也不漂亮，更不像弟弟是个天才。我就好像家里多出来的小孩，他们很少把注意力放在我身上……也是因为我不吸引他们啦。"

欣卉自嘲地说。

"我才知道，我在外婆家的那段时间，是多么奢侈的幸福，因为那时候，外婆不管我表现怎样，都一样爱我，而且我知道，她的爱都在我身上。"

心里有东西碎掉了

经历过"无条件的爱"之后，突然被剥夺、被丢进一个弱肉强食的环境里，对一个小学的孩子而言，很难想象那是多大的压力。

而制造出这个环境的,正是她期待能够爱自己、接受自己的父母。

"我只好一直拼命地做,一直到外婆过世那时候……不知道,我觉得好像心里有什么东西碎掉了,突然有个声音在问:'这么努力是为了什么,有什么意义?'

"一开始,我很努力想忽略那个声音,想把它压下去……后来,就压不下去了。我只觉得好累、好累。然后,我就没办法去上班了。"

说到这里,欣卉突然转过头,看着我。

"我没有跟你说,我现在自己一个人住,对不对?"

突然听到这个消息,我小惊了一下,点点头。

"对,你没有说。所以你现在自己住?"

"应该说,我没有去上班已经有一年时间了。自从我没办法去上班,整天待在家里,不到三个月,我爸就受不了了。他说,他不想看到我那么没用的样子。如果我继续这样,他就当作没我这个女儿,然后他就拿钱叫我去外面住。

"我就被他打发出去了,所以我后来就一个人住。"

欣卉苦笑着说这件事。

我不知道该怎么形容,当听到这些话与看到她脸上表情的心情。

"也没那么糟啦,真的。"

大概我脸上的表情有些扭曲,欣卉注意到了,马上安慰我。

"他们其实都会定期汇钱给我,我生活蛮宽裕的。一个人在外面住，也很自由，不用面对他们嫌弃的表情。"欣卉故作轻松地说。

"不过，他们这么做，对你的打击也很大吧！特别是那时，面临外婆离世，正是你很需要支持的时候。"我轻轻地说。

"一开始是有点，不过，想想也就习惯了。这很符合他们的行为模式，不好的东西就该舍弃。生活不能留下任何不符合标准的事物。"

欣卉还是笑。

如果不笑，我怕自己会哭出来

不笑不行。不笑的话，怕自己就会哭出来。

哭出来的自己，就像坐实了"自己因为不好而被抛弃"的想法。

那样的自己，太悲哀，也太可怜了。

所以只能笑，笑着，才能再撑下去一点点。

"你觉得他们认为你不好。那你呢？你觉得自己怎么样？"

"很废物啊！这么大了，还在花父母的钱，很没用啊！"欣卉一连说了好几个负面的形容词，说得铿锵有力。

"不知道你的外婆，看到现在的你，会怎么想？"

欣卉看着我，像是有些意外我会这么问。

"她大概也会觉得我很废，觉得很丢脸吧！"

"真的吗？"我反问欣卉，"有没有可能，她看着现在的你，看到你离开她以后,要这么辛苦,才能得到爱,反而会很心疼现在的你呢?"

"因为在她心中,你永远是最好的,也是她最爱的孩子。"

你忘记了吗?即使你不是父母最爱的孩子,但你仍然是被深爱、被重视的。

在你外婆的心中,你永远是那个她最好、最爱的孩子。

欣卉盯着我,忍了很久的泪,无声地落了下来。

那或许是,寻回自己一生中最珍贵的宝物,终于松了一口气的眼泪。

购物狂公主:"没怎样"就是"有怎样"

我和品萱,面面相觑地坐在咨询室里。

头两次的咨询,品萱简单跟我说了一些她现在面临的困扰,以及稍微描述了一下与家人的互动,后面两次的咨询,品萱就处于被动的状态。

我感觉自己面对着一堵墙,靠近不了品萱。

想办法绕过这道墙,是我接下来很重要的任务;不过,也要看品萱放不放行。

有些时候,墙筑久了,就算我们自己想开门让别人进来,都会忘记门在哪里。

品萱或许就是这样的情况。

"最近过得如何?"我对品萱微笑。

"大概就那样,没什么变化。"品萱也回我个尴尬又不失礼貌的微笑。

"那你今天想跟我聊些什么呢?"

几次咨询下来,我了解品萱很习惯也希望由我来带领咨询方向,让她在咨询里可以不用思考,跟着"专业的心理咨询师"、代表"权威"的我走就好,这样就可以解决她生活中的所有问题,使她的生活可以让别人满意。

我提醒自己,得留意不要掉进她与权威的旧有模式中。

毕竟,她会来找我,很大的原因,是想要重新掌握自己人生的主导权。

如此,开始学着主动思考、判断自己人生真正的"状态",是不是"让自己喜欢与满意",而不是总是思考"自己的人生,别人满不满意?",就是一个非常重要的开始。

"嗯……最近回家看到父母,很容易对他们不耐烦,而且他们动不动就吵架,觉得心很累,有时候就不太想回家,宁愿跟男友在外面待久一点,等他们睡觉了才回家。不过,这么晚回家,他们又会很不爽,会在沙发上打瞌睡等我回家再骂我一顿。"品萱叹了口气,"唉!"

"刚那口气叹得很长啊。"显然累积了很久。

"对啊, 就觉得很累。我都多大的人了,他们还要这样做。唉!"

"对这件事,你好像感触很深?"

"就觉得很烦,真的很烦。"

说完这句话,品萱开始进入空灵状态,呈现物我皆忘的境界,我只好稍稍打断她的放空。

"你说的'很烦',感觉是一种很复杂的情绪,我好像还不能完全了解。你愿意试着再描述得清楚一些吗?"

对于自己的情绪不太熟悉的品萱,很习惯用简单的方式与形容词,把情绪丢到一旁。

我想要协助她多停在这些情绪上一会,让她可以再贴近自己一些,有机会多认识真正的自己。

而不是,只知道自己给别人看的样子。

"就觉得……他们两个真的很爱管别人、控制别人。喜欢讲别人的八卦,嫌别人什么地方没做好,好像他们就什么事情都懂、最厉害,但实际上又不是这样。他们两个每天都吵个不停,真的那么厉害,怎么不管管自己的沟通方式跟情绪?"

品萱突然一股脑倒出一堆话,显然积怨已久。

"所以你的爸爸妈妈经常吵架吗?什么时候开始的?"

"从我有记忆就开始了,不是三天一小吵、五天一大吵的那种,后来是天天吵,一天吵好几次。有时候,一件小事也能吵起来。"品萱脸上露出厌烦的神情。

"所以,一直都那么严重吗?还是说现在已经好一些了?"

"好像没有,他们现在还是很能吵,只是大吼大叫的状况比较少了。"

"大吼大叫的状况？你的意思是，以前经常会大吼大叫吗？"

品萱往上看了一眼，看起来像是翻了个白眼。

"对啊，在我小时候，他们真的很夸张，还会互扔东西。我爸吼起来很可怕，我妈也不让他，一直用很尖锐的声音跟他吵吵吵。"

"从你有记忆来说，那时候，你几岁？"

"很小的时候就是这样了，应该还没上学吧。"

我想象那个情况，小小年纪的她，面对父母的怒火，应该是非常可怕的经历。

"那时候的你怎么办，当他们在吵架的时候？"

"我就进房间，假装没听到，戴耳机什么的。"

"我在猜，这个是大一点的你想到的应对方法，可以让你不受他们影响，对不对？"我看着品萱。

品萱点点头。

"不过，你还记得小时候的你，面对这个状况，是怎么反应的吗？"

品萱看着我，一脸茫然，然后抱歉地笑了："我不知道，不记得了。"

筑起一道"让自己没有感觉"的墙

我猜测，对那时候的品萱来说，父母的争吵是一件很可怕的事情，而她用当时最简单，也最有效的方式来面对这一切，就是"解离"——简单地说，就是筑起一道"让自己没有感觉"的墙，将"内心的自己"与"肉体的自己"分离开来。"肉体的自己"虽然必须留在现场承受这一切,但至少还能用"没有感觉"来保护"内心的自己",不被挫折、痛苦、罪恶感、羞愧感等情绪给淹没。

只是,把"内心的自己"关起来,虽然是保护,但也无法接触到。所以,我得想点方法才行。

看着咨询室里的摆设与玩偶娃娃们,我有了一个想法。

"品萱,我很想认识一下小时候的你,可以吗?"

品萱看着我,犹豫地点点头,一脸"可以啊,但是要怎么做呢?"的表情。

"我想请你在这里的玩偶摆设里,选一个最会让你联想到'小时候的你'的代表物,然后,帮它取个名字,好吗?"

品萱迟疑了一下,起身在玩偶摆设区看了一圈,选了一个玩偶。那是一个看起来很可爱的狗娃娃,软绵绵的。

"你帮它取什么名字呢?"

"它叫小乖,是我小时候的乳名。"品萱有些害羞地笑了笑。

拿着这个娃娃和自己在一起,似乎让品萱变得比较放松。

"你愿意帮我介绍一下小乖吗?"

"她小时候其实好像没那么乖……有时候也很调皮,会跟哥哥吵架、打架。"品萱一直摸着那个狗娃娃的头,像是在安抚她,也在安抚自己一般,"不过,当爸爸跟妈妈吵完架,妈妈一个人躲在房间里掉眼泪的时候,她会过去陪妈妈,或是听妈妈说心里话,所以妈妈叫她小乖。"

"听起来,小乖很活泼,也很善解人意,只是好像很担心妈妈哭?"

"对啊,小乖很怕他们吵架。因为真的很可怕。小乖有一次被吓到,跑去找哥哥哭。哥哥还笑小乖,说小乖很胆小。"

"那小乖一定很难过。"

我想象那个情况,自己的感受不能被理解,还被嘲笑成太软弱,那一定是很受伤的。只是,或许当时的哥哥,也不知道该怎么处理自己面对父母争吵的害怕,所以"轻蔑、嘲笑、不在乎",其实也是哥哥的解离反应之一吧。

孩子,面对自己不能理解的可怕情况,会用各种方式逼自己适应,只为了能生存下去。

我的眼眶湿湿的。

悲伤,从来没有离开过

"很难过啊,但是也不能怎么办,就只能在他们吵架的时候,躲在被子里哭。"

品萱继续摸着小乖的头,眼泪掉了下来。

"然后,慢慢地就不哭了,大概是习惯了。"

是习惯了,也是觉得没用。不论怎么哭,没有人会关心哭泣的自己,也没有人可以帮忙让这个状况变好。

哭着哭着,就没有泪了,变成更深沉的悲伤,深埋在心里。

只有自己知道，久了不想，却也不小心忘了。

但那个悲伤，却会在某些没有预警的时刻，突然跑出来袭击自己，而自己不知道，还以为这情绪是突然出现，或是从外面来的。

却不晓得，这个悲伤，已存在自己体内许久、许久，从来没有离开过。

完蛋了，妈妈要离开了！

"我想起来，那时候还发生了一件事。"

品萱看着小乖，说了这个开头之后，就不说话了。

我坐起身，让自己身体稍微前倾，靠向品萱一些，但一样不说话，等她准备好，告诉我。

不知道过了多久，品萱开口了。

"我那时候应该只有八岁，刚上小学二年级吧。那天只有半天课，下课回家的时候，发现妈妈居然在家，好像在房间收拾什么，拿了一个很大的行李箱在装东西。我觉得不太对劲，但是不知道为什么，我不敢走过去问。

"后来，我听到妈妈接起一通电话，电话另一头好像是我阿姨吧。我听到妈妈说：'这样的老公，这样的家庭和婚姻，谁还待得下去？'我想起来，前一天晚上，爸妈好像为了哥哥的某件事情吵起来，爸爸骂妈妈没把小孩教好，妈妈说是爸爸基因不好，哥哥是像爸爸的。"品萱苦笑。

"听到我妈电话说的那句话，我立刻全身起了鸡皮疙瘩。对，现在想起来，那个感觉好强烈。"品萱笑着哭了。

第二步 抗拒

"我脑中闪过:'完蛋了,妈妈要离开了!'我好害怕,然后我就哭着跑进房间,拉着妈妈的手,对妈妈说:'妈妈,不要走。我会很乖,你不要走!'"

品萱开始抓着小乖,不停掉泪。

"我妈跟我说,叫我乖乖的,她要去阿姨家住几天。我一直说,我不要,一直哭,一直说我会乖,拜托她不要走。"

品萱抽了纸巾,擦眼泪。

"我妈就跟我一起抱头痛哭。我印象中,后来她没有走。"

我也红了眼眶。

"你现在想起来,觉得这件事对你的影响是什么?"

"老实说,我本来都忘记这件事了。要来咨询前,我以为我会听话,是因为害怕爸妈唠叨我,或是哥哥已经一直跟爸妈起冲突了,所以我要乖一点。"品萱眼泪越掉越多。

"我现在才想起来,我那时候就跟自己说,我一定要乖,不然妈妈就会离开。"

如果我不乖,我就会失去妈妈。
所以我得乖才行。

这是多令人揪心的理解。

"难怪你这么努力,这么乖。小乖真不容易,她真的很努力啊!跟你一起努力留下妈妈。在没有人可以帮助你面对这一切的时候,只有小乖陪你、帮你,她真是了不起。"我眼眶湿润地看着品萱。

"你愿不愿意对这么辛苦的小乖说声谢谢,谢谢她这么努力,谢谢她一直都陪着你?"

品萱看着小乖,然后,慢慢地把小乖抱紧。

"你好辛苦,你好努力,谢谢你。"

谢谢你,让那时候孤立无援的我不孤单。

谢谢你没有放弃,

谢谢你一直陪着我努力。

真的谢谢你。

我看着品萱,用力抱着小时候的自己,抱得很紧、很紧。

那或许是,小乖等了很久的拥抱。

| 不想承认的伤痛

有用医生:莫忘世上蠢人多

"我实在不懂,为什么会有这么多笨蛋?"育仁一坐下,就立刻气呼呼地说了这句话。

"发生了什么事?"

"一言难尽，就是调病床的事情。早就跟他们说要怎么安排，不按照我的方式做，后来出问题又来问我，真的太奇怪了！"育仁有点暴躁地抓了一下头发，"为什么大家都不能把自己的事情做好啊！"

"当总医师事情很多吧，常常得处理这种不是自己捅的娄子？"

育仁从鼻子里"哼"了一声。

"而且有些人明明是要来请你帮忙的，却比你还牛，真的很莫名其妙。然后我每天都要收拾一堆烂摊子，真的是超级烦。"

"听起来，你上班压力真的很大！那遇到压力这么大的时候，你有方法让自己稍微放松一下吗？"

"放松？怎么放松？事情就是这么多，放在那边，也不会有人帮你做。你做不到，别人觉得你没有用、看不起你；你做得到，别人觉得丢给你做理所当然，你就会多出一堆事。我有时候都在想，我为什么会在这种鬼地方？"

"所以，当医生是你原本的梦想吗？"

育仁笑着看我，像是看一个天真无邪的小孩一样的表情，带着一点"哇，你好天真喔"的无奈与容忍。

（不瞒你说，被他这么看着，我真觉得自己像个问出蠢问题的笨蛋。）

爸妈的梦想是小孩当医生

"我不知道别人，但是据我所知，我身边当医生的人，大部分都不是因为他们的梦想是当医生，而是因为他们爸妈的梦想是孩子当医生。"育仁又笑了。

"我是台南人，台南人最喜欢讲一句话，你一定听过，就是'第一卖冰，第二做医生'，只是父母都只听后半句，没叫我们去卖冰，都要我们'做医生'。"育仁耸耸肩，"我们大七开始实习、大家觉得痛苦的时候，还曾经讨论说不要当医生了，赶快去开家冰店，赚钱比较多。"

"所以，很多人觉得这条路很痛苦，不过仍然继续走下去了？"我问。

"没办法不走。为了走这条路，付出的成本太高了；中间想放弃，必须考虑很多层面的事情。当然，也不可能不考虑别人，因为医学系这光环太大了。你要卸下，也要看别人答不答应。

"当初我考上这个学校的医学系，我爸还办了十桌流水席，遍请街坊邻居呢！"

踏上了一条不归路

听育仁的话，我感觉这就像踏上了一条不归路。

在这条路上的每个人，都只能直直地往前走，只有一条路，中间也完全不能出错，因为每个关卡都卡得很紧，只要错过了一关，就无法留在这条"康庄大道"上。

如果你出错了，或做出和其他人不同的选择，你就从旁边岔出去；但对这条路上的人来说，你就像是掉进另一个无法想象的黑洞。你去的地方，他们无法想象，也不知道会有什么样不同的风景。

但想起来，只觉得可怕。

走在这一条路上的许多人，也许只能被动地、不思考地往前走，走在每个人都说是光明大道的路上，拿下一个又一个自己不一定喜欢但是必须拿到的荣誉。

觉得累，觉得"自己为什么待在这个鬼地方"，但是又离不开。

觉得人生没有选择，只能把这条路走完。

如果转专业，妈妈就以死威胁

"所以，你爸妈很希望你当医生吗？"

"当然，能考得上，为什么不当医生？多有面子。"育仁自嘲地笑笑。他给我讲了一个例子。育仁还在念医学系的时候，听同学给他分享了一件事情：

"他朋友的学长，原本在高中也是成绩非常好，后来考上医学系。进去之后，他适应不良，而且有晕血的毛病。他后来真的撑不下去，跟父母讲过好几次，想要换专业，他原本很想读数学系，但他爸妈觉得读那个专业没有用，死都不肯啊！妈妈还威胁说，他如果换专业，她就死给他看。"育仁抿着嘴，从鼻子吐了一口气。

"后来呢？"

"后来他受不了就跳楼了，虽然抢救了回来，可是变成了植物人。"育仁开始无意识地搓着自己的大腿，"放暑假回家，大家一起吃饭的时候，我就在饭桌上跟家人说了这个故事。结果，你知道我爸说什么？

"他说，这个人就是抗压能力太差，所以毁掉了自己的人生。"

说到这儿，育仁无奈地笑了。

"我也知道，我同学跟我说的这个故事不一定是真的，可能就是系里流传的'都市传说'之类。但我爸的反应，也是经典。虽然我一点也不意外，他就是这样的人。"育仁拍拍自己的腿。

"所以，你本来期待爸爸是什么反应？这个故事，是特地讲给他听的吗？"

"也不能说是讲给他听的。应该说，想让他和妈妈知道，这实在不是一个好待的环境。但对我爸来说，'做不到的人，就是永远不会成功，是失败的人'，我觉得他的世界里，只有两类人，一类人很厉害、很有用，另一类人依赖别人、很没用。"育仁嗤地笑了一声。

"他觉得自己是前者，妈妈是后者，所以他对妈妈一直都很不客气。"

爸爸在家里就是国王

听到他主动谈到家庭，我忍不住往下问。

"所以，爸爸似乎对你们家、对你的影响都很大，好像是负责定标准的人？"

听到我的问题，育仁下意识地"啧"了一声。不过，他还是愿意继续说："我爸很霸道，家里就是要按照他的方式去走。我不知道是不是因为他以前当校长，所以很习惯要大家都听他的话。他在家里就是国王，我们都是他的臣民，就是走'顺我者昌，逆我者亡'路线。"

育仁露出一个"你懂的"的表情，有些调皮。

"所以你们家除了你和妈妈，还有其他人吗？"

"喔，我还有一个弟弟。弟弟和我相差五岁，他学的跟我不一样，他'后来'去读电机专业了。"

我听育仁的描述，似乎特别强调那个"后来"。

"后来？所以弟弟原本不是要读电机专业吗？"

"他原本是学与生态相关的，我觉得很适合他。他从小就很喜欢动物、昆虫，可以为了观察蚂蚁，几个小时都不动。但是我爸妈觉得念这个没有用，所以逼他重考，他坚决不要像我一样学医，就选了理工，后来考上了，就去读电机专业了。"

育仁没什么情绪地说出这一段。

我在心里默默地"哇"了一声。

没有人可以选择"自己想要的"

"你曾经跟你弟聊过，关于他的未来的选择吗？"

"有啊，在他决定要重考的时候，我找他聊过。我跟他说，如果可以，他还是尽量选自己喜欢的，才不会学得太辛苦。"育仁抓抓下巴。

"结果，你知道我弟说什么吗？他说：'哥，那你选的，是自己喜欢的,还是他们喜欢的?'我就被我弟问住了,哈哈。"

"你觉得你弟想告诉你什么?"

"他想告诉我:在这个家里,没有人可以按照'自己想要的'做事,大家都为情势所逼,不得不低头啊!"

"所以,是爸爸比较强势,还是爸妈的想法都一样?你们试过不按照他们的方式做事吗?"

"我爸当然比较强势,但我妈也是同意的吧,她觉得我爸的看法很对。如果不按照他们的方式做,他们就会连续疲劳轰炸。

"我高中也想过不要选医学专业,他们就一直说我。我爸狂骂我,我妈一直哭,说我为什么要让他们烦恼,真的很不孝什么的。我受不了,最后还是选了医学。

"我弟就更不用说了,他一开始确定念生物学科,我爸妈就开始轮流骂他。连我弟的老师都打电话来,劝他们说,我弟真的在这方面很有天分、又有兴趣时,我爸很不客气地说:'不是你家的小孩,你当然会不在乎他的未来,只在乎他的兴趣。'"

哇!听起来真的是很不客气。

看来对这两兄弟来说,自己的未来从来都不是自己的,都是由爸爸决定的。他觉得该向东就得向东,该向西就得向西。

"对自己的未来,你们都没有自主权,很痛苦吧?"

"习惯了,早就放弃了,就是过生活。我是觉得我还好,我弟比较惨,毕竟他还要重考,而且要放弃他很喜欢的东西。我其实也不太知道,自己不学医的话,可以做些什么。"

已经习惯被决定了，于是奉献出自己的肉体，"你要，就拿去吧！"关闭感觉去执行所有别人希望自己做的事情，像是傀儡一般。久而久之，也不知道自己真正的感受、喜好是什么了。

那是一种"放弃"和"无可奈何"的心情。

整个人被抓起来摔向墙壁

"所以，你们都很怕爸爸，是因为他经常发脾气吗？"从前面的对话，我听出了一点蛛丝马迹。

"不止'经常发脾气'，是会'爆炸'的状态。他的爆炸，会让家里就像被炸弹炸过一样，东西乱扔、乱砸，大吼大叫。有时候，也会对我们动手。"

"对你们动手？会打你们吗？"

"会啊，我记得小时候我有一次跟他顶嘴，他就把我整个人抓起来摔向墙壁。"育仁没有情绪地说这件事。

"你妈妈呢？在你爸爸这样发脾气的时候，你妈妈在吗？"

"我印象中，一开始，她好像就是哭，还会叫他不要这样。不过，我印象很深刻，有时候，我爸会连她一起打。后来我爸揍我们的时候，我妈会躲到另外一个房间里，眼不见为净吧，我想。"

对于他们兄弟，那又是怎样的光景？

"反正她在也没用，就是哭，说不定之后我们还要安慰她。"育仁摆摆手，像是挥走什么虫子一样地烦躁。

"我不想谈这个了，可以换个话题吗？"

不定时炸弹

对育仁兄弟来说，爸爸的情绪像是不定时炸弹，时常会炸向他们。家里的另一个大人——妈妈，完全没有能力阻止爸爸。他们两兄弟害怕激发他的情绪，不希望让爸爸有机会伤害他们，于是只好顺着他。

面对妈妈的无能、爸爸的暴虐，这两兄弟是怎么走过来的？

"谈这个，大概让你很不舒服吧？我猜，你没跟什么人聊过这件事？"

我看着育仁，他看起来若无其事地左右转转头，像是在拉筋一样，脖子发出"咔嚓咔嚓"的声音。

"也没什么不舒服，就有点不习惯。要谈，也不是不行，只是我不知道，这跟我说我很容易暴躁有什么关系？不是应该谈我的工作吗？"

育仁挑了一下眉，我感觉到他的抗拒，但仍故作镇定。

这个经历，是对他很重要，却也是不想去回顾的经历吧。

"其实，我们的情绪表现方式，有部分是学习来的。如果你小时候，看到你的父亲都是这样表现情绪，而你对于他的暴怒觉得害怕的话，很有可能，除了让自己没感觉，你也会出现相对应的情绪——愤怒，因为这个情绪比害怕更能保护你、更能促使你做些什么离开这个情境。

"看起来你爸爸遇到计划外或你们没有按照他的方式去做等这些不可控的事情，都会用'愤怒'来控制全局、控制你们。

"当你熟悉了这个模式，后面如果你感受到生活出现一些你计划之外、不可控的状况,而这情况让你太焦虑,害怕自己无法掌握全局时,就很有可能会模仿爸爸的处理方式,用'愤怒'来控制,让事情重回轨道,变得符合自己的心意。"

孩子为了生存,只好内化父母对待他的方式

对于像育仁这样理性与自主意识很强的个案,有时候我会先说明一下,我想探问的事情背后的目的是什么。当他们了解之后,合作起来可能会更顺畅。

育仁听了之后,有一点惊讶。"所以我跟我爸可能会有一样的毛病?这也太惨了。"

"育仁,你和你爸,永远是不一样的两个人。

"只是,相处久了,或被这么对待久了,行为与情绪处理模式,或许有模仿的可能性。例如你说,家里的生活,基本都是用爸爸的标准,不然他就会爆炸。为了生存,你们只好内化他的标准,变成你生活、生命的一部分,甚至变成你的个性之一,也是很有可能的。"

有些时候,我们穷其一生想要摆脱父母对自己的影响,甚至极为努力,想要避免自己成为像父母这样的人。不过,想要"完全摆脱",也仍是受父母影响的证明。

当我们发现,自己这么努力,父母的一些让我们不认同的部分,却还是进入我们的骨血、成为自我的一部分时,对我们来说,可能会是一个不小的打击。

特别是像育仁这样,自我要求高,认为自己应该能够控制所

有表现的人。

初中时，就做了两个决定

"不过，听起来，你好像很希望自己不要成为跟爸爸一样的人？"我接着问。

"当然啊，谁想要变成那样。而且对外，他都一副爱小孩、爱老婆的样子，又是退休的校长。谁知道他会在家里把我们打得跟猪头一样？"育仁笑了。

"记得上初中时，我就做了决定。一个是，一有能力，我一定要马上搬出去住，那我就需要一份不错的工作来养活自己，所以我必须要拼命读书，这是摆脱现在状况唯一的方法。

"另一个决定是，我一定要好好注意我的情绪，不能随便发脾气，不然就会变得跟他一样。"

"变得跟爸爸一样的话，会怎么样？"我继续往下问。

"就会伤害身边的人啊！家庭破碎，每个人都对他不满，但为了维持表面和平，大家都没表现出来，让他可以继续做'家庭和乐'的梦。"育仁又嗤笑了一下，"说到这，今年过年，我爸说了一句话，我差点当场翻他白眼。"

"你爸说了什么？"

"我爸说，我们兄弟现在都有不错的学历，有一份不错的工作，这些都要感谢他。要不是他当严父，依我们两个这种没出息的个性，大概不会太有成就。"

说完这句话，育仁笑得开怀。

"哇，你可以想象吗？他真的自我感觉良好！老实说，我跟我弟撑得下来，是我们心理素质很强大好不好？他还以为这一切都是他的功劳，觉得把我们打得半死是为我们好，而不是他情绪管控有问题。

"我妈居然在旁边表示同意，说我们真的要感谢爸爸。这对夫妻真的很妙，难怪可以在一起这么多年。"

我听育仁说的话，心中突然涌起一种悲伤的感觉。

无法被承认的痛

应该是保护自己、遮风避雨的家，却成为带给自己最大伤痛的来源。但是这个痛，不能被承认，还必须当成是对自己的爱，强迫自己吞咽下去，像催眠般地告诉自己，这对身体很好。

连自己的感觉都不能相信、不能承认，甚至还要被扭曲。

这真的让人很难受。

难怪育仁必须用这种戏谑地、把自己当局外人的方式，看待这一切。

因为，没有人想听他们兄弟的声音，而这一切又太难忍受。

离远一些，或许就可以不再想起那时候的痛苦与害怕。

所有的抗拒，只是为了保护自己的心，不要再因为有期待，或是想起那些事情，而感到难以承受的痛。

要面对，甚至消化、疗愈这样的痛楚，需要多少时间？

做得到吗？

我不知道。

面具木偶：你根本就不要我

"最近我变得经常跟我妈吵架！"美惠一坐下来，就讲了这件事，"不知道跟咨询有没有关系？"

"怎么说呢？"

"咨询的时候，会一直讲到以前的事情。有些事，其实我已经忘了。现在想想，可能就是忘了，我才可以跟我妈好好相处。"美惠笑了笑。

"但最近这两次见面，有些事情我就想了起来，做梦还会梦到，觉得很难过，就忍不住跟我妈吵架。"

煎熬又难忍的过渡期

咨询的过程，对许多人来说，最困难的或许是这段"过渡期"。

原本关闭的感觉，现在慢慢打开了；原本封印起来的回忆，现在都想起来了。于是，个案必须面对一段时间的情绪起伏，甚至感觉到在日常生活中，自己的情绪都变得比较敏感，心情很容易因此而变化。

对于习惯"关闭感觉"，让自己保持稳定的人来说，会觉得这个状况很可怕，也可能会因此觉得"咨询没有用，还让我变得更糟",因而想要停下来或放弃。

特别是,如果谈论到对个案非常重要的影响,那种不舒服的感觉,绝对是难耐的;不想面对,或想用之前的方式逃避,是非常正常的反应。

毕竟,面对"危险"或"焦虑",人会更想要做"习惯的事情",或用"熟悉的反应模式",因为这些模式"曾经有效",能够带给我们"安全感"。

不过,一有这样的状况,就代表我们的咨询的确有进展了。

这些想起来的事情或感觉,对美惠来说,都很重要。

被忘记的孩子……

"你想起什么事情?愿意跟我说说吗?"

美惠的眼神有些遥远,看似正在想,眼眶却慢慢变红了。

"小时候有一次,那时候,我应该还很小,六七岁吧。妈妈带着姐姐、我和弟弟一起出门去百货公司。因为妈妈想去买东西,所以把我们三个放在百货公司的儿童游戏区,自己先去买东西,买完东西之后再来接我们回家。

"结果,她记得带姐姐和弟弟,但是不记得我。我自己一个人在旁边玩模型车,一回头,发现在另一边玩滑梯的姐姐和弟弟都不见了。我一直哭、一直哭,想要跑去找他们,是百货公司的工作人员阻止我,然后开始广播。

"后来妈妈才气急败坏地回来,一直给百货公司的人道歉,然后把我带走。我回家被揍一顿,说我为什么只顾着玩,都没有发现妈妈来带我们了。是我太爱玩，才会害妈妈漏掉我。

"现在想起来就觉得生气。明明是你忘记我，忘记小孩的妈妈已经够夸张了，还把错怪在小孩身上，这样对吗？"美惠越讲越生气，眼眶越来越红。

看起来很愤怒的美惠，背后的情绪是很深的受伤。

妈妈，你怎么会忘记我呢？

难道对你来说，我真的是多余的小孩吗？

被忘记的我，已经够难过了，为什么你还要打我？让我觉得自己是错的？

真的是我的错吗？

对那时以父母为天的小孩来说，这种"被抛弃的恐惧"，有时只要经历一次，就会让人难以忘怀，成为生命中的创伤之一。

除了不被爱的恐惧，还包含了"是不是我对你一点都不重要"的害怕，甚至可能伴随"是不是我真的不好，所以你不要我"的自我厌恶与自伤。

"我最近想起这件事。然后有一次，我妈又跟我说我弟怎样怎样，然后顺便说我，要我关心我弟，要当个好姐姐，'不要都只顾自己好'。"说到这，美惠出了很大一口气，"听到这，我就忍不住回了：'我不顾自己好的话，你根本就不管我啊，你以前还忘记生过我这个小孩。对你来说，我就是多出来的！'"美惠有点激动地说出这些话。

"你这么说,妈妈怎么回?"

"她就开始哭,说我发什么神经?她只是关心我,也只是要我多关心弟弟而已,为什么叫我做点事情我就要一直抱怨。然后开始说,自己是个失败的母亲,孩子都觉得她做得不好。"美惠看起来很无奈。

"我又问她,那时候为什么会忘记我?而且她忘记我,明明是她的错,回家居然还打我!

"我妈说她不记得了,说我真的是心机很重的小孩,这么久的事情都还记得,很爱计较。然后,她就挂了我的电话。"

都是孩子的错?

我们两个人一起深深地吐口气。

"你听完你妈的话,有什么感觉?"

"感觉更糟。她的口气好像都是我的错,是我忘恩负义、不知感恩,把她逼成这个样子,她完全不知道我在跟她说什么!"

"你觉得,你在跟她说什么?"我看着美惠,缓缓地问。

美惠看着我,不发一语,慢慢地,红着的眼眶盈出了泪。

"我想问她,我是不是她多出来的小孩?是不是,她本来根本就不想要我?"

听着美惠说的话,我感觉这句话背后还有更深的伤痛。

"你会这么说,是因为这件事,还是有其他的事情,让你有类似的感觉?"

我看着她,轻轻地问。

美惠看着我。

"小时候,有次我不穿她准备的洋装,她很生气地对我说,第一胎生了姐姐,已经是女孩了,后来怀了我,她一知道是女孩,本来想要拿掉,是爸爸希望留下来。早知道就不要把我生下来,省得现在这么痛苦。"

美惠笑了,但是泪如雨下。

"所以,我本来就是她不要的孩子。"

听到妈妈说这件事的美惠,后来变得听话许多,开始勉强自己去做原本不愿做的事情。这不只是因为害怕妈妈会突然爆发的情绪,而是:

如果你本来就不要我,

我不听话,你更可能丢下我。

这个痛被挖开了。

我们一起待在这个痛楚的洞里,很深,很深。

第三步

觉察

"我们的选择,远比我们的才能,
更能呈现出我们的真实面貌。"
——
阿不思·邓布利多,引自《哈利·波特与魔法石》

你的人生，要让谁满意？

完美妈妈："不够努力"的危险

雅文坐在沙发上，托着腮，看起来欲言又止，似乎在脑中整理着想说出口的事情。

我静静等着，等着她主动开口。

没让我等很久，雅文开口了。

"这次回去之后，我想了很多，很多回忆都涌了出来。"雅文端起水杯，喝了一口，"以前，我认为我妈对我的要求都是合理的。应该说，就算痛苦，我还是习惯尽量做到。但最近，当她又打电话来、挑剔我一些事情，或是说我不够爱她、不够在乎她，对我说一些很难听的话时，我变得很难忍耐。"

"她会对你说什么？"

"她会突然打来电话骂我，例如没有跟她见面吃饭、只在乎自己的生活，有了自己的家庭就不管她了；说我'没有尽到一个女儿的责任'，如果我的孩子看到我这样，也会学着不孝顺，以后绝对不会孝顺我；说我没有以身作则，以后孩子跟我会不亲，丈夫也会觉得我做得不好。

"我有一次受不了，就问她，为什么要一直诅咒我的生活、我的家庭，难道我过得不好，她最开心？

"她在电话另一头就大发脾气,说我不知感恩。说她把我养那么大,我居然恩将仇报,把她说成是会诅咒孩子的恶毒母亲。

"后来她就一直天马行空地乱讲,也向亲朋好友抱怨我,说我不孝。"

雅文有点无奈地笑了。

"以前这些话、这类误解,我没少听,那时候,我好像都可以忍耐、可以无感。不知道为什么,现在很难承受,动不动我就会顶回去,然后就变成这样。"

"你听到妈妈这么说你,感觉怎么样呢?"

"感觉很无奈啊!在她眼中,我永远做得都不够好,永远不够爱她,永远不够努力……"说到这,雅文突然停了一下,她抿起嘴来。

我没说话,等着她。

通常出现这个表情,就代表有不太说得出口,但是很重要的话想说。

我有义务,让妈妈快乐幸福

"她从以前到现在,就常常说,要不是因为我,她会更有成就,都是我拖累了她。"

雅文无意识地抚摸着自己的手臂,像是安抚自己一般。

"我以前听到这种话,都会很有罪恶感,觉得都是我的错,才害妈妈变得这样,害她不能跟这样的爸爸离婚。所以我拼命地努力，希望能弥补一些什么。"

说到这儿，雅文突然笑了。

"我很像是我爸的替罪羊，他跑了，我替他留下来收拾残局，变成人质。感觉我的出生就是原罪，就对不起我妈。所以我没有选择，只能尽量让她满意，像是赎罪一样。"

"你觉得，你在赎什么罪？"

"因为我的存在，我妈没有办法拥有她想要的未来。"雅文苦笑了一下。

"所以，你认为这是你的错吗？"

雅文没有马上回话，抬头看了我一眼，叹口气。

"我以前从来没有想过这个问题，只是很习惯地承担这个责任，觉得自己有义务让妈妈生活得快乐幸福。套一句你书上常讲的，我就是那种，很容易承担起父母的情绪责任的小孩，觉得我妈有一点心情不好，都可能是我做错什么。

"我没有不努力的权利。我必须要一直往前冲，否则我就对不起我妈。"

强大的羞愧感

这个"对不起妈妈"的习惯性想法，与其说是罪恶感，倒不如说是"如果我没做到、没做好，我就会让妈妈很不快乐，这样的我就很糟糕"的羞愧感。

被这种羞愧感淹没，是很可怕的事情，所以雅文必须一直往前冲，避免被妈妈的责难、被自己的羞愧感追上。

"但是最近，我一直觉得好累。有时候会想，决定不离婚来抚养我，这不是我妈自己的选择吗？为什么变成我该承担的歉疚？"

说出这些话，对雅文来说，应该是不容易的。

她看向远方，眼光尽量不和我接触。

"不过，当我有这个想法，我又想责备自己，觉得自己这样想很不孝。下一秒回过神来，我就发现自己买了一大堆东西回家了。"雅文苦笑。

对现在的雅文来说，因为恢复工作，有经济能力了，买东西就变成雅文逃避痛苦的重要方式。

又气，又想念爸爸

"最近除了对我妈有一些想法，偶尔我也会想起我爸。"雅文又喝了一口水，用水杯掩饰她的表情，"我做了一个梦，你想听吗？"

"当然。"

雅文又喝了一口水，缓缓道出她的梦境。

"我……梦到我还很小，爸爸带我去游乐园玩，玩了一整天，最后在旋转木马上，他问了我一句：'小文，你快乐吗？'"雅文抿着嘴，像是强忍着什么。"梦里的我说：'爸爸，我好想你。'醒来后，我忍不住大哭。我都忘记了，很小的时候，他还在家里时，曾经很疼爱我。"

几乎不在我面前哭的雅文，眼泪一滴、一滴落下来，慢慢地越来越多。

"现在的我才有办法承认,我真的很生他的气,但也很想他。可是我想念的,不是现在这个爸爸,而是以前那个很疼爱我的爸爸。"

雅文一直哭,停不下来。

"我知道他回不来了,我也知道那段时光回不去了。可是,我曾经拥有一段时光,那时候我是父母的掌上明珠,可以任性、不用那么懂事,可以什么都不懂、都不会,还是可以被疼爱。

"我真的、真的很想念那时候的他。"雅文哭得稀里哗啦,在旁边的我也跟着不停掉泪。

"可是,你知道吗?你想念的不只是以前的爸爸。"

这句话,我忍不住说了出来。

雅文看着我,原本快止住的泪,又蓄积了起来。

"对,我也好想念那时候的自己,可以任性,可以不用让谁满意,不用担心不够努力会让妈妈丢脸,或被亲戚、同学看不起,被说就是因为单亲,所以我才会不够好。

"小学时,如果我没达到妈妈的要求,会被妈妈打。打完之后,妈妈会拉着我哭,哭着说:'我们孤儿寡母,不要让别人看不起,所以你要争气。'我不能不努力、不能不争气啊!"雅文笑着流泪,笑着说这一切。"我好羡慕爸爸还在时的自己,可是,那又能怎么办呢?我怎么能停下来呢?"

对啊，那又能怎么办呢？

人生，却有那么多的无可奈何。

"小时候的你，可能不能停，但现在呢？现在的你，还需要证明什么？以前你的努力与表现，证明得还不够吗？"

"不行，不努力的话，会很危险。"雅文看着我，斩钉截铁地说。

"会有什么危险？"我轻轻地问，觉得有什么很重要、藏在背后的害怕与恐惧，将要展露出它真正的样子。

"我就会变得跟我爸一样，变得没有用、失败，害身边的人一起痛苦。"

雅文一脸痛苦地吐出这些话。

不能像爸爸，否则会失败

原来，从小到大，雅文的妈妈不停地向雅文强调，她有多像爸爸，不管是个性、才华、长相还是其他。雅文的爸爸是个有才华的人，不过在妈妈口中，爸爸的个性有些好高骛远、有些懒散，有些三分钟热度，而且像孩子一样，很讨厌负责任。

妈妈经常提醒雅文："你如果不努力、不自我要求，以后就会跟你爸一样。有才华又有什么用？还不是失败了，最后就会留一大堆烂摊子给别人收拾。"

所以雅文的脑中，一直有着"不努力就会失败，就会出现很可怕的结果，就会跟爸爸一样没有用"的恐惧。加上妈妈一直强调"你跟你爸爸真的很像,个性很随便、不够认真,所以我一定要好好训练你,改变你的个性"。

原本雅文也是个聪明的孩子,只是没这么循规蹈矩,个性也比较粗枝大叶。妈妈对她极为严格的要求,以及不停地提醒她"像爸爸就会失败"的可能性,让雅文更加战战兢兢地跟着妈妈的脚步走,变成现在事事要求完美的另一种样子,反而变成了妈妈的复制品。

必须奉献出我的全部,才能完成妈妈想要的未来

"你知道吗?我从小就觉得,'像我爸'这件事,就像是一个诅咒一样。因为,这让你既可能变得跟他一样,让周遭的人痛苦失望;也让你必须变成他的替身,要'跟他不一样',让身边的人满意。

"我现在想想,那个在后面不停追赶我、让我停不下来的,说不定,就是我爸的幽灵吧!停下来,我就会被追上、被附身,然后我就会变得不像自己,毁掉我的生活。

"不过,不要停下来的方式,是要变成另外一个样子。所以,不管怎样,我原本的样子,都是无法被这个世界接纳的。

"于是,'我不能用自己原本的样子生活,那样太轻松了。想要活下去的话,不可以过得这么爽',就变成我的信念。"雅文再拿起水,喝了一口,"毕竟,我背负着很多责任。"

"你背负了什么?"

"背负了要让妈妈的人生故事变得不同;背负了要帮爸爸向

妈妈赎罪；我让妈妈付出她的未来，所以，必须奉献出我的生命，完成她想要的未来。"

于是，雅文成为爸爸的替身和妈妈的未来，一步一个脚印地，只能往妈妈最满意、最想要的方向走，完成那些没被完成的遗憾。

所以，我才时常会在雅文提到妈妈时，感受到那种不顾一切、毫无选择的献身感。

我像我爸爸，也像我妈妈

"你真的觉得你跟爸爸一样吗？有没有什么机会，让你曾想过，你和爸爸是不同的？"

雅文眼睛看向窗外，想了一想，突然眼睛一亮。

"有，我想到一件事。之前快结婚时，因为要搬家，我整理了一下家里的杂物，看到妈妈年轻时候的照片，大概是十七八岁的年纪。"

说到这里，雅文突然笑了。

"欸，真的很夸张，长得跟我大学时一模一样。我看到照片的时候，就想说：'哇，妈，你居然骗了我这么多年。长大的我，明明长得跟你一模一样啊！'"

雅文笑得很开心地说这句话，眼角带着泪。

"要不是你问，我都忘记这件事了，因为那时候只是一瞥，我记得当时并没有什么感觉跟想法，只是觉得我跟我妈年轻的时候长得很像。

"现在想想，就觉得，我明明就不是跟爸爸一模一样。我也是妈妈你的孩子，也有跟你一样的部分啊！"

完美是她重要的盔甲

"你现在说出这件事，感觉怎么样？"看到雅文的表情开始有些松动，我缓缓地问了雅文这个问题。

于是，雅文说出了一句很关键的话："我像我爸爸，也像我妈妈。"

"你觉得，我是不是有机会，走出跟他们不一样的路？"雅文像个小女孩一般，有些可怜兮兮地望着我。

我第一次看到她这个样子，脆弱又真实。

我想，这是雅文内心的真正模样，或者，是她内心的小雅文。那些外在的完美表现，是她用来保护脆弱、幼小的自己不再受伤，能够在生活中撑下去的重要盔甲。

毕竟，她太早就被要求长大，所以，她非得好好保护自己不可。

因为，她背负着太多责任，需要让太多人满意。

"你和他们或许都有相像的地方，但你仍然是你自己。"我很认真地看着雅文。"即使你身上有和他们类似的特质，你个人的意志、你的选择，都会让你跟他们不一样，过着不一样的生活。你不会复制谁，也不需要复制谁。你，就是你自己。"

听了我的话，雅文慢慢环抱起自己的身体，把头埋进自己的怀抱里，痛哭起来。

我和她在一起，而这次，是疗愈的眼泪。

我想，总有一天，雅文可以彻底地从这个诅咒中释放，让这些相像，可以成为礼物。

你像爸爸，也像妈妈，你也是你自己，有他们两个都没有的部分。

然后，你终于可以不再当爸爸的替身，不再成为妈妈的未来，不用再努力让谁满意。

可以好好地、让你自己满意。

我在心里，送给她我的祝福。

自责小姐：你愿意只为自己努力吗？

"上次谈完之后，我好像开始有了动力。"欣卉笑了笑，"我想要找一份工作，准备去面试。只是停了那么久没工作，好像不大容易。投了不少简历出去，但都没什么回音。

"不过……最近发生了一件事，喘不上气似乎又小发作了一次。"

欣卉的手指开始在沙发上画圈圈。

"发生了什么呢？"

"最近……因为我开始投简历，要准备面试了。我就决定，要去做一点微整形。"欣卉有点不好意思地笑了。"我没有跟你说，其实，我一直都有做整形的习惯。从头到脚，我大概都动过一点。不是只做很简单的那种，有时候是比较大的手术，例如开眼角、小脸削骨等，我都做过。"

我点点头，心里默默替她觉得痛。

我整得跟姐姐好像

"这次，我想要把鼻子垫高一点。我想去整鼻子已经很久了，我们家的人都是高挺鼻梁，类似希腊鼻的那种，偏偏只有我是不好看的朝天鼻。所以我想趁现在准备要去面试，又可以一个人在家休养，把这个手术做了，然后……我就去做了。"

"嗯，后来呢？"

"后来……"欣卉苦笑了一下说，"后来我在镜子里看到自己，突然觉得好可怕，我变得跟我姐姐好像。"

"想到这里，我不知道为什么就开始喘了起来，然后就开始感觉到上不来气，只好赶快去医院急诊。"

说到这里，欣卉红了眼眶。

觉得自己好卑微

"说这件事的时候，你好像有些情绪上来了？"我轻轻问着欣卉。

她迟疑了一下，点点头。

"怎么了？"

"我不知道……就觉得好难过，不知道为什么，我想到了我外婆。"

欣卉的眼泪，滴滴答答地掉了下来。

"一想到外婆，我就觉得更难过。"

"你觉得，你在替谁难过？"我隐隐感觉到，欣卉知道自己为什么这么难过，但很难说得出口。

"我……我替自己难过，我好难过、好难过……"欣卉突然放声大哭，"我看着镜子，觉得镜子里的自己好卑微。我那么努力变成这个家的人会喜欢的样子，是为了什么？他们根本没有人认为我是这个家的人，而我为了他们，已经变得连我自己都认不得了。但他们还是不要我啊！"

欣卉不停地哭。

"只有外婆，她喜欢我，可是她也不在了，我连她最后一面都没见到。然后，我还把自己变成连我自己都不喜欢的样子……"

既伤心又愤怒。

对那些不停指责、要求自己的人愤怒；对必须赢取他们肯定的自己，感到伤心与悲哀；甚至，也对这样的自己觉得愤怒——

你怎么可以为了得到别人的爱，背弃了外婆，背弃了你自己？

你怎么这么没有用？

你怎么这么可悲？

"恐慌"是一种对自己的提醒

混合着愤怒、悲伤、无可奈何与自我厌恶的责备与无力感，深深鞭笞着她自己。

这些伤痛太重，当自己没有办法消化、面对时，有时会化成其他的形式，例如恐慌、焦虑、窒息、抑郁……整个攫住自己，动弹不得。

或许，那是自己无法消化"自我厌恶"的结果。

但我仍忍不住想，会不会，那也是一种心疼自己的抗拒反应？

好像是自己的身体与心理在提醒自己：

"你其实可以不用这么做的。"

"你其实可以不用这么辛苦的。"

是不是欣卉的身体与心，想要阻止她，提醒她：可以不用这么自虐地对待自己？

当我这么反馈给欣卉时，欣卉愣了一下。

"我总以为，'恐慌'是我抗压能力太差、太软弱的结果。我认为我应该消灭它，不然它会拖累我、使我的生活瘫痪，就像现在这样。"欣卉看着我，"我没有想过，它可能是想要提醒我什么。"

听欣卉这么说，我想了想："欣卉，你看一下房间里的摆设和娃娃，如果要选一个东西，代表你的'恐慌'，你会选什么？会帮它取什么名字？"

欣卉有些迟疑地起身，看了看，选了一个粉红色的、笑得很开心的圆娃娃。

摸着这个娃娃，欣卉的眼里又开始蓄满了泪。

外婆想告诉你的话

"所以，你选了这个娃娃。它代表你的恐慌吗？"

欣卉点点头，又摇摇头。"好像是，又好像不是。"

"你看着它，觉得它代表什么？"

"我觉得它笑得很温柔的样子，也好像我的外婆。"欣卉带着泪笑了，"好奇怪，你要我选一个代表我恐慌的东西，我选的东西却会让我想到我的外婆。"

"这对你而言，有什么意义吗？"

"我很想问外婆：是不是你在用这个方式提醒我，想跟我说，我可以不用这样？"

欣卉两手抱着娃娃，并且轻轻摇晃自己的身体，像是忍耐着什么情绪。"你是不是想跟我说，我可以不用一直为了别人努力吗？可是，我真的可以不用为了别人努力吗？"

我在一旁红了眼眶。

"你想，外婆会怎么回答你？"

欣卉盯着娃娃，一直轻轻摸着娃娃，过了一会儿，她露出了微笑。

"外婆她会对我说：你可以为了自己努力就好，我会守护你。"

守护你，
直到你找回自己的样子，
直到你能够喜欢自己真正的样子。
那，就是你最美的样子。

我只是，怕输

"一定要赢"先生：代代相传的家族秘密

上次谈完后，明耀向我请了好几周假。一个月过去了，明耀突然跟我约时间，还提前十分钟出现在咨询室。

我进咨询室时，坐在沙发上的明耀正看着手机屏幕，露出若有所思的表情。

他的表情很复杂，我暂时无法辨识是什么样的情绪。

回头想来，或许对明耀来说，当时的他，心情的确极为复杂，很难描述。

我坐了下来，和他打声招呼："嗨。"

"嗨，好久不见。"明耀对我露出一个表情，看起来很勉强地笑了一下，像是吞了什么难以下咽的食物，却还必须露出勉强、不失礼貌的笑容说"嗯，还不错"的表情。

我静静地看着他，等着他先开始。

过了一会儿，明耀深吸一口气，开口了：

"最近，住在美国的姑姑回来，听我叔叔说我在问哥哥的事情，她联络上我，然后把一切都跟我说了。"明耀露出十分复杂的表情。

第一次，明耀主动跟我聊了许多他家的事。

家族不能说的秘密

　　明耀从小生长在当地望族，爷爷自己白手起家，创了一方事业。奶奶在生了姑姑后，没多久就过世了。爷爷几乎是独自养着家里的四个孩子：大伯、明耀的爸爸、叔叔还有姑姑。

　　在四个孩子里，爷爷最疼大伯，也对他寄予了最大的期望。大伯从小聪颖过人，外表也十分出众。爷爷常说，大伯最像他，只有大伯可以继承、发扬他的事业。

　　但是在大伯考上台大就读的第一年，刚申请到国外的学校，准备暑假要去国外念书时，和朋友一起去游泳，不幸遇到大浪，溺水过世。

　　爷爷悲痛万分，只好把所有的期望全部放在比大伯小六岁的明耀爸爸身上。但对爷爷来说，明耀爸爸各方面的表现，都不如自己的大儿子：不够聪明，也不够积极；性格上，爷爷认为，明耀的爸爸更像他的妈妈，也就是平常唯爷爷是从的奶奶。

　　背负巨大的期望、比较与不满意，明耀爸爸就这样辛苦地长大了。对爷爷来说，他是在没有选择的情况下让明耀爸爸继承他的公司。

　　后来，明耀爸爸认识了公司里的一名小职员，也就是明耀的妈妈，并且没多久就娶了她。这件事也让爷爷大发雷霆，因为明耀妈妈是孤儿，从小就在孤儿院长大。爷爷觉得太过门不当户不对，还为此冷落了明耀爸爸一段时间；当然，他更不承认明耀妈妈是自己的儿媳妇，在家里，只把明耀妈妈当成佣人。

　　这样一直到明耀的大哥出生。

明耀大哥小时候的样子，和当年的大伯，据说一模一样。

因此，爷爷对大儿子的各种遗憾与爱，全部投注在明耀的大哥身上，还亲自替他取了名字，就叫永晖。其中的"晖"，用的就是大伯的名字。爷爷甚至还会对家里的其他人说：

"永晖就是我的小孩。"

只是，这句话，不知怎么，传着传着，居然变样了。

明耀的爷爷家，是一个很大的家族，所有的孩子即使结婚生子，都与明耀爷爷一起住在祖宅。那时候，由于爷爷对明耀妈妈的不认可，所以家族里的其他人，也都看不起明耀的妈妈，认为她就是负责做家务的佣人。

但当明耀爷爷由于永晖的关系，而开始转变对明耀妈妈的态度，而且又一直说永晖其实是自己的小孩，开始有人假设，明耀爸爸为了让自己回公司、重新获得经营权，把妈妈送上爷爷的床，才怀了永晖。所以爷爷才会这么疼永晖。

这种完全不可能发生的事情，从假设，变成听说，最后变成事实。变成这个家族不能说出来的秘密。

连明耀的爸爸，最后都开始怀疑太太与自己的爸爸有染，但却不敢问，也不敢提。

后来，永晖九岁的时候，因为先天性心脏病过世。这件事，对爷爷是极大的打击，没有多久，爷爷也过世了。

继承公司的明耀爸爸，在巨大的压力，以及与妻子长期的猜忌与冷漠下，开始酗酒。在一次酒后，和妻子再度发生关系，于是才有了明耀。

好不容易有了明耀，两人的关系似乎也有些修复，因此明耀爸妈有默契地将爷爷和永晖的东西与记忆全部封印，想假装那段对他们人生影响极大的过去从来没有发生过。

而他们两人，也从来没有聊过"永晖到底是谁的孩子"这件事，明耀爸爸一直心存疑惑，后来突然心脏病离世了。

在明耀爸爸开始酗酒之后，爷爷留下的公司，经营上也越来越困难，最后爸爸关掉了公司。当时的明耀已经在美国读书，他靠着自己拼命在国外打工、申请奖学金，才勉强活了下来，读完书毕业找到了工作。

直到三十多岁，明耀才因为公司外派他回台湾分公司，回到他从小成长的地方。

这些过往，其实大半他都不清楚，因为在他出生之前，爷爷早已过世。不过，由于爷爷十分重男轻女，在家里地位也不高的姑姑，和妈妈意外地成为"患难之交"，这些事情，是姑姑告诉他的。

我不要跟他们一样，我要赢

"听了姑姑跟你说的事，你似乎心情很复杂？"

看到他描述完姑姑跟他说的话后的表情，我轻轻地问。

"小时候，我很讨厌看到我爸那种没有用的颓丧样。常常喝酒，自怨自艾，觉得自己就是一辈子很没用；妈妈也是，一辈了·对叔叔、婶婶他们唯唯诺诺，爸爸也不能保护她。

"我很讨厌爸爸那个样子，看到妈妈总是低人一等的样子，我也难过；所以我对自己说，我不要跟他们一样，一辈子都是失败者，一辈子都要看人脸色。所以我要赢！只要我能力够强，别人就必须尊敬我，我就不用经历这些。"

明耀对着我说，眼神却没有跟我接触。

可能是因为，要对我描述他认为不够好的过往，或是那些家庭与心中阴暗的历史与情绪，都不是容易的事。

"听了姑姑说的事情，当晚我就做了一个梦。我梦到在一个房间里，我爷爷一直打我爸爸，说：'你怎么这么没用，这么没用！'我妈妈则在另一个房间，一堆人围着嘲笑她，还拿东西往她身上扔。我似乎是大叫着'不要！'醒来的，醒来之后，我发现自己在哭。"明耀自嘲地笑笑，"我突然想到，我好多好多年，都没有哭了。"

信念一代一代地传了下来

"你觉得，这个梦在向你表达什么？"

"原来，我一直继承着我爸妈的自卑感，也背负着我爸从小到大承担的期望，长成现在这个样子。"

不管身为儿子、丈夫还是爸爸，似乎自己的爸爸一直都让身边的人失望：不能让爷爷满意、不能获得成功、不能被手足与儿子尊敬，也不能保护自己的妻子。

看着爸爸没有扮演好的角色，看着爸爸搞砸的人生，于是，明耀告诉自己千万不能这样；所以自己一定要赢，赢了才能摆脱这些，赢了才有资源，才能保护身边重要的人。

现在的明耀才慢慢发现，原来，爸爸面对那些过高的期待与标准而做不到时，对他最失望的，不是爷爷，不是妈妈，不是身边的所有人，而是爸爸自己。

过高的期待落空后，失望也更加难以承受。

被压垮的爸爸毫无招架之力，只好逃到酒精里面，麻痹那种连"自己都看不起自己"的感觉，麻痹那些如影随形、难以摆脱的羞愧感。

而这些标准、这些"做不好就是我不好"的羞愧感，"要赢、要聪明有能力才有价值"的信念，从爷爷开始，通过明耀的大伯、明耀的爸爸、明耀的哥哥，一代一代地传了下来——

最后，留在明耀的身上，成为驱动他做每一件事情的动力。

我做很多事情，都是因为"害怕"

"所以，你发现了，非得要赢，可能不是来自你本身的需要，而是继承家族的期待，或是想完成、超越爸爸没有做到的事情，甚至想要用这个方式，保护你身边重要的人。

"你的意思是，你很努力、花很多时间做的事情，这其中推动你的动力，似乎不是你真的想做，而是为了别人？"

听了我的话，明耀愣了一会儿。

"对……我没这么想过，但你说得没错。现在我才发现，我做的很多事情，不是我想做，而是由于'害怕'。"

于是才发现：原来，我做这些事情，从来不是真的为了自己。

"如果这些目标、这些事情，你没做到，你怕什么？"

"我怕，我在别人眼中，是一个没有用的人，没有资格活在世上，是个累赘、笑话。我害怕那些嘲笑、怜悯的眼光，那会让我觉得，自己很可怜、很悲哀。当我这么糟的时候，我也不能保护我妈……就像我爸一样。"

明耀眼里开始有些泪光。

他迅速抬眼朝上看，装作若无其事。

只是，这从来都不是"没什么"的小事。

要靠"一直赢"才能好好活着的这些感觉、脆弱与恐惧，都必须独力承受，是一件辛苦的事。

"说出这些害怕，真的很不容易。你现在似乎有一些情绪，也让你很害怕？"我看着他，轻轻地说，"是不是因为，如果去碰触这些情绪，你怕你会撑不住？因为一直以来，你一直很努力，但也一直很孤单。"

听到我说的话，明耀突然把脸埋进手里，强忍着情绪，身体抖动着。

"我只是很想活下去而已……只是有时候，真的好累。"

于是，有些忍了很久的东西，突然就忍不住了；戴了很久的面具，突然就崩裂了。

那些冰冷的面具碎片，化作温暖的水珠，一滴滴地，从明耀手中的缝隙，滴落在地上，也滴落在明耀的心上。

融化了内心的冰山，露出的，是明耀一直想保护的伤痛与脆弱。

也是我们身为一个人，最珍贵的真实感受。

而我们终于可以，对辛苦努力的自己，给出一点点的理解与心疼。

有用医生：不想承认的渴求

距离上次见面已有两周的时间。这次，育仁和以前一样，提早五分钟到达咨询室。他看起来有些累，似乎是从医院下班后直接过来的。

"我想问问你，我是怎么回事？"

我一坐下来，育仁就开口了。

显然，最近发生了一些事情，或许让他开始对自己做一些探索，也让他对自己变得更有兴趣。

我微笑，点点头，用表情鼓励他继续说下去。

"我和我们班的一个同学，也是我的好友在同一个科室。以前我跟他都被认为是个性温和、会被叫好好先生的那种人。现在，他还是一样优雅，但是我只要事情太多或不顺利，就常常会'变身'。"育仁自嘲地笑了笑。

"特别是最近，我和他在工作上起了好几次冲突。上次我们在厕所遇到，厕所里只有我俩。他犹豫了一下，过来跟我说话，

第一句话就是：'育仁，你最近是怎么回事？'"

说到这里，育仁看了我一眼，苦笑了一下。

为什么我那么努力，还是变得跟我爸一样？

看得出来，接下来要说出的话，对育仁有点难以启齿。他用眼神寻求我的鼓励。

我点点头，顺着他的期待，鼓励他继续往下说："嗯，然后呢？"

"然后……我没等他讲完，就打断他的话，说：'我怎么回事？我哪有怎么回事？你们扔一大堆事情给我，找我麻烦，让我每天都忙得团团转，然后再来怪我，说我怎么回事？所以都是我的错就对了？'

"结果，我大吼大叫到一半，突然停了下来。"

我专注地看着他，听他说。

"我看到旁边镜子里，自己发脾气的样子，跟我爸好像。"

说到这里，育仁勉强的笑容再也撑不住，突然哽咽，重复着说："镜子里的我，看起来好可怕，跟我爸好像。怎么会这样？为什么我那么努力，还是变得跟我爸一样……"

他停顿了。

"那一定让你很难接受。"我看着他，陪着他。

育仁突然哭了出来。他一开始还忍耐着，没多久，突然撑不住了，就像水坝溃堤一样，也像个孩子，哭得十分无助。

对育仁来说，长时间害怕自己会像爸爸一样可能会脾气不好或暴力对待别人，这样的恐惧与羞愧感，让育仁努力当好好先生、控制自己的脾气，努力做到父亲要的标准，让自己可以好好在父亲手下存活；也提醒自己，更努力提高自己的能力，希望有一天可以脱离父亲掌控的恐惧。

但是，走了许久、努力了许久，却发现有些事情徒劳无功：那么努力，自己却还是和父亲一样，不能控制自己的脾气，伤害了身边重要的人。

那是很深的"无力感"。

无力处理的"羞愧感"，让我们开始责怪别人

而这个"无力感"被勾起的理由，除了与育仁自己当了总医师之后脾气总是不好，或许还与短时间内得面对大量的工作与需求有关。习惯用"自己"去努力满足别人的育仁，在面对如此大量的需求，自己再也无法一一完成，让别人满意，身心接近耗竭；又感觉到别人的失望，育仁就对自己更加失望，对自己无法掌控一切的无力感，变得更深。

那些"无力感"所造成的自我怀疑、自我厌恶，觉得自己没有用、没有能力，勾起更深的"羞愧感"；而当我们没办法处理这些羞愧感时，很可能会忍不住把它们投射到外在环境或其他人身上——

我们可能会开始生气，责怪他们让我们变成现在这样，处在这样无力、没有用的境地里面。

但就算我们"假装"责怪别人，内心最深处，仍然怀疑"是不是我没有用，所以才没办法把这些事处理好"？

愤怒常拿来掩盖羞愧感、失控感

只是，要面对这个想法是很不容易的。因为对育仁来说，从小就要"每件事都要做到、做好，做不到就没有用"，"自己要有用"就是他的生存策略；现在，事情太多、太难，使得育仁产生"是不是我没用，才没办法把事情处理好"的想法，其勾起的羞愧感与生存焦虑，实在太过巨大。

特别是，对现在的育仁来说，在竞争如此激烈的环境里，身为一个被期待要"全能"的医生，更可能让他在面对因为能力有限而无法处理的各种不可控状况时感受到强烈的"失能"，于是觉得焦虑与羞愧。

对很多人来说，特别是男性，面对如此强烈的失能与失控感，是一件很可怕的事情，可能会引发强烈的自卑与自我厌恶。只是，很少有男性从小被教导、学会如何理解自己，并且学习排解、接纳这样的感受与情绪。

因此，这样的焦虑、自我厌恶、羞愧等复杂的情绪交织在一起，最容易用一种情绪表达，那就是：

愤怒。

特别是，如果这件事与"失能感""失控感"有关，"愤怒"是一种有力，甚至是可以"控制全场"的情绪，因此，最常被拿来使用、帮助掩盖那些难以面对的复杂情绪，例如羞愧感、失控感等。

如果可以用"愤怒"把事情怪到环境或是别人身上，对某些人来说，更是一种有用的"防卫"。因为那让我们不用处理、面对自己的羞愧感，可以转而责怪别人、要求别人。

这样自己的感觉就会好一些。

所以，有的时候，那些对外的愤怒，其实是因为自己内心有极大的、难以消化与承认的受挫或受伤感。

"难道，我真的是个没有能力、没有用的人吗？我真的那么糟糕吗？"

这个想法实在是太可怕了，可怕得让人无法消化和接受。若吞咽下去，可能会让自己的人生瘫痪。

我想，育仁，可能就是这样的情况。

对自己最不满意的，是自己

但，就算把无能感往外丢，让自己可以去责怪别人，对于这样的自己，育仁仍然是厌恶的；因为，他也曾被爸爸的愤怒深深伤害过，身心都极为受伤的他，对于自己做出和爸爸类似的事、让别人受伤，他仍然无法原谅这样的自己。

因此，育仁在"责怪自己"与"责怪别人"之间摇摆。不管是哪一边，他都不觉得自己是好的，也都无法接纳这样的自己。

所以，那些巨大、无法忍受的愤怒，与其说是怨恨这个环境、怨恨别人，倒不如说，更恨自己没有能力，不能轻松地把这些事情都处理好，每天笑脸迎人，成为一个大家都喜欢，也可以让大家都舒服的人。

对育仁最不满意的，不是别人，正是他自己。

他想逃离的，不只是这个环境，还包含在这个环境中不够好、不够完美、不够让大家开心又满意的自己。

只是，要在这么困难的环境中做到面面俱到、事事完美，那是多么困难的要求。

"当你看到自己跟爸爸很像，一定觉得很难受，毕竟，你努力了那么久，就是想要和他不一样，活出你自己的人生，脱离他的掌控与影响。那是一种很深的挫折感，甚至有点无力吧？我猜。"

我看着他，他点点头。

"只是，有没有可能，你现在的愤怒，和你对自己的标准太高有关？"

"怎么讲？"育仁一脸困惑。

"你觉得，你是对谁愤怒？"

听我问这个问题，育仁皱皱眉。

"我好像从来没想过这个问题。"

沉默了一下，育仁开口了：

"我本来以为，我是对别人愤怒，觉得别人一直找我麻烦、自己很没用；刚刚我想，还是，我是对这个环境愤怒？觉得医疗环境太差，那些行政体系都很官僚，不懂我们临床一线人员的痛苦，让我们那么累。"

对自己最愤怒

育仁看着我,欲言又止。

"不过……"

我微笑地看着他,点点头。

"不过,我发现,说不定我是对自己愤怒。"

育仁抬起头,看向我。

"刚刚一想到这个……突然有种,好像什么东西通了的感觉。那种一直持续的、很烦躁的愤怒感,好像就变低了。只是,我突然觉得很难过。"育仁慢慢地红了眼眶。

"我不知道,为什么我对自己愤怒,会让我觉得难过。"

我不说话,陪着他留在这个情绪里。

过了一会儿,我察觉到他表情又有了一些变化,于是问:

"现在的你,感觉到了什么吗?"

"我觉得很难过……为什么我不能再有用一点?不能什么都做得到?为什么我让别人失望……"育仁低着头,"为什么我不能再努力一点?为什么我不够完美?"

那些平常出现在他心里、对他呢喃的声音,终于被他发现了。发现这个声音对他的要求,对他的怀疑与责备。

"原来我是对自己生气。我生气自己做不到,发现'我做不到'这件事,又让我难过。"

育仁的眼泪慢慢往下滴。

"你觉得,你的眼泪在诉说什么?"我轻轻地问。

"我不知道……我觉得自己没用,好丢脸……可是,又觉得自己好可怜。"育仁捂住脸，声音从指缝中努力地透出来，"我……我已经很努力了，为什么还是不够？"

"这句话，你是讲给谁听的？"

"爸爸，"育仁不假思索地先丢出这个答案，然后停了会儿，"还有……我自己。"

我已经很努力了，为什么还是不够？

可是，我已经好累、好累了。

看到现在的育仁，我有个想法。

我搬了两张小椅子，请育仁选一张代表爸爸，还有一张代表他。

选好后，我请育仁决定，要把"代表爸爸的椅子"和"代表他自己的椅子"，放在房间的什么位置。

育仁把"代表爸爸的椅子"放到了门口，把"代表他自己的椅子"，放到离我比较近的地方，大概是五步的距离。

我请育仁坐在代表他的椅子上，感觉一下。

"距离爸爸这么远，感觉怎么样？"

"很安全。"育仁说。

"从这个距离看爸爸，爸爸看起来怎么样？"

"可能没这么凶，他随时随地都要看起来很'好'的样子，因为他是校长。"育仁轻轻地说，"所以，他的儿子也要很好，才配得上他。"

"配得上他,是什么意思呢?"我感觉到,现在的育仁跟平常的他不太一样,似乎变成年纪比较小的样子。

"不会让他丢脸,他才会喜欢我。"育仁热泪盈眶。

"你很希望爸爸喜欢你吗?"我轻轻地问。

育仁点点头。

"我记得,以前我很喜欢看飞机。爸爸在放假的时候,都会特地带我去机场看飞机。那时候,只有我和爸爸,爸爸还会顺便带我去吃冰,然后说这是'男人间的时光'。"

育仁笑了,笑得天真无邪。

我第一次看到他这样的笑容。

"那时候,你几岁?"

"我五岁。"

"那你现在几岁?"我蹲了下来,看着坐在小椅子上的育仁。

他愣了一下,想了想:"九岁吧。"

育仁又红了眼眶。

爸爸的惩罚

"这时,你和爸爸发生了什么事吗?"

"我第一次考试没有考满分,爸爸拿书砸我,还把我关在没有开灯的小房间里,要我反省。"育仁开始一直哭、一直哭,"好可怕,没有人来救我。"

"那你怎么办?后来怎么撑过来的?"

"我就一直对自己说,我不怕,我不怕,下次考试考好就好了，就不会发生这种事了。"育仁一直掉泪，"可是我还是很怕，而且很难过。"

"很难过什么？"

"为什么爸爸会这么对我？他不是最喜欢我吗？"育仁开始不停地哭，"为什么？为什么你要这么伤害我？"

因为太痛，只好关闭自己的感受

那些原本的孺慕之情，最爱的人，变成伤害自己最深、让自己最为恐惧的人；内心的安全城堡崩塌了，对人的信任也不见了，而剩下的，只是对人与自我的怀疑。

因为太痛，只好关闭自己的感受。

当育仁的情绪慢慢平复，我问他："你觉得，当你对爸爸这么说，他会怎么回答？"

"他可能会说，我是为你好。如果我现在不严格，你以后就会没有用。"育仁叹了口气。

"你同意吗？"我感觉到，现在的育仁似乎年纪又大了一些。

"我不同意。"育仁摇摇头。

"这时候，你开始对爸爸的想法怀疑、觉得不同意。所以，现在的你几岁？"

育仁愣了一下，偏着头，想了想："大概高中吧。"

"你长大了，有自己的想法了。这时候的你，已经不是任爸爸决定、宰割，也开始有保护自己的力量了，对吗？"我看着育仁。育仁点点头。

"你愿不愿意把椅子拉近一点,让你想表达的话,更清楚地说给爸爸听?"

育仁站起身,把椅子拉近一至两步,位置大概是刚刚那个距离的中间。

"在这里看爸爸,爸爸看起来是什么样的?"

"很唯我独尊,觉得自己什么都是对的。只是,好像也有点寂寞。"育仁看着空椅子,突然不说话。

"你想到什么了吗?"

"有一次,我半夜起来上厕所,经过客厅的时候,看到爸爸在看录像,录像里是我一两岁的时候。"

我静静地看着育仁,点点头,没有说话。

"我觉得很奇怪,可是,也觉得心里有点酸酸的。"育仁的表情有些生气,声音却有些哽咽。

"那天白天,我们为了我要选第二类组还是第三类组,起了很大的冲突。我对他吼:'这么想当医生,不会自己去念呀!'然后,他就冲过来重重打了我一巴掌,我跟他差点打起来。

"然后我就跟他说,当你的孩子真倒霉。"育仁突然笑了,"结果当天半夜他就看录像怀念小时候的我?这状况好像有点荒谬。"

"怎么说?"

"他没办法好好跟现在的我相处,他就只喜欢那个听他的话,一天到晚黏着他叫'爸爸、爸爸'的我吗?"育仁有点咬牙切齿。

"说不定,他怀念的也是那时候的自己吧!可以跟你毫无压力地相处,只希望你身体健康,而没有对你有任何期待。"我轻轻地说。

育仁听了我的话，不发一语。

为什么爸爸不能肯定我？

"你有什么话想对他说吗？"

"我想说，你能不能尊重我的选择？不要一直说，不成功就没有用？"育仁声音有点哽咽。

"你现在说的话真的很重要。你愿不愿意再把椅子拉近一点？更近一点，说给爸爸听？他会听得更清楚。"

育仁迟疑了一下。他缓缓站起身，慢慢地把自己的椅子拉到距离爸爸的椅子大概一步的位置，然后，坐下来。

"你觉得，现在你几岁？"

"就是我现在的年纪了。"

"现在的你，长大了，有自己谋生的能力，而且在很多事情上做得很好，判断力跟能力也不输给爸爸，甚至你懂的更多。现在的爸爸，看起来如何？"

育仁看了看，叹了一口气："很希望我们尊敬他，把自己弄得好像很强壮的样子，可是，真的很寂寞吧？他不懂我们，我们也不想懂他。"

"你觉得，他是怎么看你的？"

"老实说，可能是引以为傲，他常常跟别人提我的事情。只是，他很害怕肯定我我就变得不努力，所以，他不想肯定我。"

"你呢？现在的你，同意他的想法吗？"我特别强调了"现在"两个字。

育仁想了想，抬起头："不，我不同意。如果他愿意肯定我，我会做得更好。"

我前面的人生，几乎都是为了你

"那你要试着跟爸爸说说看吗？"

育仁看着空椅子，眼神变得坚定："我觉得，你一直打击我，不是让我进步，反而让我觉得你不爱我；你一直挑剔我，会让我感觉，好像要完美，我才够资格当你的儿子。"

育仁开始哽咽。

"可是，我没有对不起你，我非常努力。我前面的人生，几乎都是为了你。"育仁开始哭，"我真的好累、好累，你就不能好好肯定我，告诉我，我已经做得很好了吗？"

我在旁边，也忍不住红了眼眶。

"育仁，你也看到，你有多辛苦、多努力了。你愿不愿意坐到爸爸的椅子上，想象一下，如果，你是爸爸，对于这么努力想要获得自己肯定的育仁，你会想跟他说什么？"

育仁有些犹疑，他站起身，坐在代表爸爸的椅子上。"所以，是要我变成我爸，看我爸的想法吗？"

"现在，你不用想你爸怎么想。而是想，如果你是育仁的爸爸，依照你的个性，对这么努力的育仁，你会说些什么？"

育仁顿了一下，他看着代表自己的空椅子出神。

然后，他说话了：

"你做得很好，你很努力。你可以不用把自己逼得那么紧。"育仁开始哽咽，"因为，在我眼中，你真的很好。"

"你看着育仁这么努力，想要争取你的认同，会不会很心疼？"

"会，我看了很心疼。你不要再那么辛苦了，这是你的人生，做你自己就好。"

育仁说完这段话，泪流满面。

你和爸爸不一样

"育仁，你听到你刚刚对自己说的话了吗？"我忍着泪问。

育仁点点头。

"和你爸爸对你说的话，会是一样的吗？"

育仁笑了："不会，他一定还是会说，强中自有强中手，不努力就等着被淘汰。我接受现在的你，就会让你失败。"

"所以，你发现了吗？这，就是你和你爸爸的不同。你们不会是一样的人。"我看着他说，"你愿意承认，也愿意爱自己的脆弱与恐惧，愿意尝试爱自己的全部；你有自己的想法与标准，不是只担心别人对你的看法。即使爸爸伤害了你，你还是想让他了解你，还是想接近他、爱他……你，是个非常勇敢的人。

"只是，要记得把'这个自己'召唤出来，站在你自己的这一边。好好照顾、保护自己，不要被爸爸严苛的声音打倒。"

育仁，那个一直渴望父亲的爱的孩子，缩起身子，环抱着自己，泪流满面。

那是内心渴望被承认、努力与辛苦终于被自己看见的眼泪。

为了你，我变成你要的样子

面具木偶：难以碰触的伤口

"我这次咨询完回去，跟我妈狠狠吵了一大架。"一坐下来，美惠就说了这件事，开始笑，"真的是很大一架。从小到大，我从没有这样跟她吵架、顶嘴过。"

"发生什么事了？"

我永远都是你多余的那个孩子

"放假我找了一天回家，姐姐和弟弟都没有回去。吃饭的时候，我妈照例又开始嫌东嫌西，嫌我头发太短、穿得太像男生，看起来'不男不女'。又说我只顾自己好，不关心弟弟，不知道弟弟现在生活得怎么样，也没有主动打电话问姐姐怎么不回家。我爸也照例在旁边放空。

"我知道她是迁怒。她是因为其他人没回家不开心，所以把气出在我身上。她怕打电话给他们也没有用，所以想用这种方式叫我去做。

"平常我会觉得很不耐烦,但是我可以忍住,就是把耳朵关掉。老师,你知道吧?"美惠笑着对我说。我点点头。

"只要把耳朵关掉,忍过这一段就好。有的时候,我还真会按照她的期待去做,虽然不愿意,但还是会打电话给弟弟和姐姐。可是那天,不知道为什么,我就是突然觉得受不了,就在餐桌上爆发了。"

美惠停了下来,看向我。

我也看着她,很认真地听:"你说了什么?"

"我对我妈大吼。我说,你永远只在意你那两个孩子,在意他们有没有回家,有没有吃饱、穿暖,我永远都是你多余的那个孩子,你一点都不喜欢我、不想要我。只不过是因为我对你还有用,所以你现在只好依赖我。"

美惠一边说,眼泪开始一滴滴往下掉。

"我知道我讲的话很重,只是我忍不住。我把我一直想讲的、放在心里的话,忍不住都说了出来。"

我看着她,点点头。

这些话,是美惠一直以来的苦痛。要说出来,真的很不容易。

我猜,对美惠来说,对妈妈说出来这件事,除了愤怒、觉得自己被亏待之外,隐隐可能也有一种心情:

我好希望,你告诉我不是这样。

"说出这些话,对你一定很不容易。"

美惠点点头:"我吼完后,我妈不出我意料地嘟囔几句,就突然离开饭桌,进了房间,结果只剩下我爸跟我。"

美惠突然开始搓手,似乎有些紧张的样子。

"我跟我爸还坐在饭桌旁,我有点尴尬,本来想离开。不过,我爸他居然,突然对我说话了。"美惠笑了,感觉她也有点惊讶。

"我爸对我说,年轻的时候,妈妈的确是很辛苦。因为他一直忙于工作,妈妈也有自己的工作,但她还要照顾我们跟她的婆婆,也就是我们的奶奶。

"奶奶身体虽然健康,但不是个好相处的人,一直有要生儿子传宗接代的观念,所以当我妈生了我姐,又生了我,那时候,常常受到我奶奶的冷嘲热讽。

"爸爸对我说,他知道妈妈不是脾气很好,有时候对我也不太公平,只是,可能是因为她压力太大,而我又太乖,不吵不闹,所以,她对我会比较严厉一点,但不是不在意我。"

爸爸仍是在意我的

讲到这里,美惠一边眼眶泛泪,一边笑:

"你很难想象,我听到我爸说这些话有多惊讶。因为,我爸一直是能沉默绝不开口!我老是觉得,他工作大概很累,因为他回家都在放空,从来不介入我们跟妈妈的冲突。我以为,他什么都不知道,假装看不到或不在意。我没想到,他一直在观察,而且,他还跟我说了这些。"

美惠开始掉泪。

"所以,你没想到,他真的在意你的心情,才告诉你这些,想要安慰你。"我把美惠没说出口的话说完。美惠点点头。

"那你呢？听完感觉怎么样？"

"其实，一开始，看到我妈又逃进房间，我是很失望的。虽然我对她很生气，但其实，我大概也很期待，她可以对我大吼说，不是我想的这样，是我误会了，她很在意我。

"虽然理智上，我也知道这个状况不可能发生，如果我妈突然这样讲，我可能也会说，她今天怎么这么奇怪之类的。"美惠自嘲地笑笑。

"不过，我很意外我爸跟我说这些话。我以为，对我爸来说，我更像是隐形人。所以，我有点感动。"美惠笑了笑，"然后，我就鼓起勇气问我爸，他也觉得我很乖吗？"

爸爸心疼着你的懂事

我眼睛一亮，问爸爸对她的看法，这对美惠来说，简直就是不可能的任务。

"然后呢？"

"我爸竟然回答我说，你很乖啊，从小就是。他说：'我常常觉得你妈对你太严格了，有些真的是很小的事，所以我偶尔私下会劝你妈。平常我也不想要求你，因为，你会很认真地去做。那样，你太累了。'"

说到这里，美惠又哭又笑。

"我从来不知道，我爸一直觉得我很乖。听起来，他好像对我很满意！"

"也很心疼你，心疼你总把大人的话放在心上，很努力地去达成他们的期待，让小小的你，变得很辛苦吧，"我轻轻地说，"爸爸，好像很心疼你的懂事。"

我已经做了很多，已经够了

美惠一直在掉泪。

"对，所以他说，他不想再要求我。他对我说，我长大了，会有自己的生活，想关心爸妈当然很好，妈妈也会有她的期待，但是，我要学会判断哪些我可以做或不能做，不要承担全部。"

说到这，美惠抬起头看我。

"你知道吗？我爸居然说，妈妈跟姐姐、弟弟的事，是他们要自己面对和处理的，而不是我该承担的。他说，我已经做了很多，已经够了。"

"你听了爸爸说的话，感觉怎么样？"

"刚听完，我当然松了一口气，也真的很感动爸爸愿意对我说那么多。我可以感觉到，他想跟我说，我不用再这么努力，只为了得到他们的肯定。

"只是，后来我不停地想，我真的可以什么都不管吗？我不知道。想到这件事，我觉得有点不安。"

美惠又露出她的招牌苦笑。

无法抛下的不安与罪恶感

"你感觉一下，那个不安，是什么？"

美惠停了一下，看似在思索。

"我觉得，好像有点罪恶感……然后，不知道为什么，我刚闪过一个想法。"

"什么想法？"

美惠看着我，没有说话。

过了一会儿，她说出了内心真正的恐惧：

"我在想，什么都不做的我，对妈妈来说，是不是就没有用了？就更容易被抛弃？"

眼前的美惠，变得好小好小，让人心疼。

虽然爸爸给美惠很多的肯定，但美惠对妈妈的看法仍非常在意；甚至，把她认为妈妈对她的评价，根深蒂固地存在心里，变成她看自己的一部分：

永远觉得自己不够好，随时会因为"不够有用"而被抛弃。

这种"有条件的爱"的理解，让孩子没有办法相信，真正的自己是可以被接纳、被重视，是值得珍惜的；孩子处在"遗弃恐惧"里，于是相信做自己、不听话，就会被抛弃。

重塑美惠的自我形象，也就是对自己的看法，是很重要的。

我想试试看。

妈妈看她的样子，就像一团揉皱的纸巾

"美惠，如果，要从这个咨询室选两样东西，来代替'你认

为妈妈看你的样子'，和'爸爸看你的样子'，你会选什么？"

美惠歪头，想了一下。

选"她认为妈妈看她的样子"，很快就选好了，是一团揉皱的纸巾。

选"爸爸看她的样子"，她逡巡了一圈，在一个小水晶摆件上驻足了一会儿，但没有选择，又走回来。

"我不知道，'爸爸看我的样子'要选什么。"

美惠再次露出她的招牌苦笑。

"我刚刚看到，你好像在那个摆件前面停了一会儿？"

我慢慢地说出我的观察。

习惯性的自我批判与自我怀疑

对美惠来说，爸爸对她的欣赏与肯定，是她很少有的经验，非常珍贵，却也很难消化。一直以来，她总觉得自己不够好、是多余的；但是，突然被重要的爸爸说，自己是好的、很努力的。

这两个自我形象的冲突，让美惠很难马上接受，自己可能是"好的"；也就是说，过去对自己的想象，想象自己在别人眼中的样子"不够好"，可能不是真的。

在水晶摆件前的驻足，或许就是内心这两种自我形象的挣扎与冲突。想要选，但害怕太过相信爸爸说的，结果发现，其实自己根本没那么好。那会让自己觉得更加失望，更加羞愧。

"嗯，不过，我不敢选。"意外的是，美惠坦率地承认了。

"怎么说？"

"我怕我误会我爸的意思。他其实没觉得我这么好。"美惠又苦笑了一下。

"爸爸对你说的那段话，对你很重要吗？"我问。美惠点点头。

"你觉得，爸爸对你说出这番话，对他是很容易的事吗？他是会很随便就说出这种话的人吗？"

想了一下，美惠摇头。

"如果这番话对你那么重要，对他来说，说出来又那么难。那么，你那么快地怀疑或不相信这番话，是不是对你、对爸爸，都有点残忍？"

我轻轻地说出美惠习惯性的自我批判与自我怀疑。

一直以来，心里的伤

坐在沙发上，美惠又红了眼眶。

过了一两分钟后，美惠站起身，拿了那个水晶摆件过来，然后对我害羞地笑笑。

我知道，做这个举动，对美惠来说，是非常重要的象征。

那代表，她愿意相信，自己其实是美好的、有价值的。

"所以，揉皱的纸巾，是你觉得妈妈看你的样子？"我问美惠。她点点头。

"对。因为是用过的，但还没有脏，丢掉很可惜，会想拿来用。但是，是没人想要的东西。"

说到这里，美惠又开始掉眼泪。

那是她一直以来心里的伤。

"看着这团揉皱的纸巾,好像让你有很多情绪?"

"我觉得它很可怜。它奉献了自己,却被人觉得没有用,不被珍惜。"美惠一直哭。

"那爸爸看你的样子呢?"我指了指旁边的水晶摆件。

"爸爸觉得我很好,觉得我应该要照顾好自己,把生活过好,找到自己的目标,发光发亮。"美惠有点犹豫,"只是,我不知道我做不做得到。我也有点怀疑,我真的这么好吗?"

自己是包着纸巾的水晶摆件?

"那如果,我问'你看自己的样子',你会选什么东西替代?"

听了我的问题,美惠站起身,看了一圈房间的摆件。然后,她坐下来。

她看着眼前的纸巾与水晶摆件,默默地、专心地把揉皱的纸巾铺平,把水晶摆件放到纸巾的中间,然后包起来。

包好后,她停下来,看着我。

"这是你现在看自己的样子吗?"我问。她点点头。

我请美惠拿起这个包着纸巾的水晶摆件。

"现在你有什么感受,你想要试着说说看吗?"

美惠迟疑地开了口:"我一直以为,我就是那张纸巾。但是,爸爸跟我说,我是很好的。我才知道,他看我是好的,是可以做到很多事情的。"

"这对你有什么影响?"

"我本来以为,我是没有价值的;如果做我自己,我不会被任何人接纳，所以我得一直当一张很有用的纸巾，一直让别人用。"美惠开始一直哭，"可是我现在才知道，我不是这么没价值的。"

"拿着它，你觉得怎么样？"

"我觉得很重。"

"嗯，你不是像纸巾一样，轻轻的；你是很有重量的，特别是在一些觉得你很重要的人的心里。感觉到了吗？"美惠点点头，紧紧握住手中的自己。

"现在的你，也觉得自己很重要吗？"我问着美惠。

美惠一边掉泪，一边点头。

"那你愿不愿意，把那个从别人身上继承来的'纸巾形象'给拨走？打开它，让那个闪闪发亮、很珍贵很重要的自己露出来，可以让你自己、让别人看到？"

美惠一边流泪，一边打开手掌，看着刚刚紧握住的自己。

纸巾已经被泪水濡湿，破裂了，露出水晶摆件的一角。

这个景象，似乎更触动了美惠。她哭得更厉害了，泪水落在纸巾上。水晶摆件的形状，也越来越明显。

她看着手中的自己，停了许久，然后就像下了个决定一般，突然做了一个动作，她把水晶摆件外面的纸巾，慢慢地掀了开来。

然后，她紧紧握住水晶摆件，没有再说一句话。

要接纳、相信真正的自己是有价值的，重点或许不是在别人；而是，我们愿不愿意，给自己勇气，为了自己而相信。

愿意相信：这，才是自己真正的样子。

购物狂公主：承认伤口，才有机会长大

"我上次回去后，觉得情绪变得有点多。"品萱有点紧张，一坐下就先对我说了这段开场白，"很不习惯。"

我点点头："发生了什么事吗？"

这在开始咨询时很常见。平常关闭的感觉打开了，很多情感都开始流动，因为和平常的自己不一样，所以会感觉到有些不习惯或不舒服。

"其实没有那么糟……我只是觉得，好像感受变得比较灵敏，甚至比较会觉得累、觉得饿。"品萱笑了笑，"我之前都不太会肚子饿，也不太会累，生活没什么感觉……现在，好像变了一个人。

"不过，最近发生一件事，我印象很深刻。"

现在的我，好像觉得可以快乐起来

"我每天上班的路上，都会经过一座公园。那天天气很好，阳光洒下来，一阵风吹过，我听到树叶被风吹动沙沙的声音，风吹过我的脸。我看着这一幕，突然觉得好感动。"

品萱一边说，一边露出一个看起来很幸福的微笑。

"这是我从来没有过的感觉。我不知道，原来这样就可以很幸福。"

"现在的我，好像变得比较快乐起来。"品萱突然眼眶一红，

拿了一张纸巾，压了压眼睛。

"上次咨询完，感觉卸掉了一些重担。我也觉得自己变得有点不一样。不过，回家跟爸妈一互动，之前的那些习惯，还有那种被压迫、必须要听话的感觉，还是很强烈。"

"你要说说看那些感觉吗？或是说，发生了什么事，让你有这些感觉？"

"就还是会听到他们嫌这嫌那的吧！听他们嫌哥哥现在做的工作不好，要怎么结婚；嫌我现在常常很晚回家，交了男友就不要父母了。还有就是，他们不停吵架，一点小事就会吵起来。"品萱叹口气，"这件事情特别让我烦躁，只要他们一吵架，我就会觉得很烦。"

"很烦？那是什么感觉啊？"

我试着想陪品萱稍稍梳理下一大团的感觉，让她可以更了解自己的情绪。

"我就想跟他们说你们够了吧？为什么要这样一直吵架？我爸脾气不好，一点小事就生气，然后，我妈也会很生气，跟他对吵，可又很委屈的样子。"

说到这里，品萱做了一个皱眉的表情，一闪而逝，身体也跟着缩了一下。

对妈妈充满罪恶感，也心疼妈妈

我注意到这个表情与肢体动作。对品萱来说，妈妈的反应似乎对她影响非常大。

"品萱，刚刚你提到妈妈看起来很生气又很委屈的样子，好像有些情绪？"我试着探问。

品萱停了一下，表情有点凝重，然后慢慢红了眼眶。

"对，我好像有点情绪，但我搞不清楚是什么，而且我不知道为什么想哭。"

"你觉得，妈妈常常很委屈吗？"我轻轻地问。

品萱点点头，眼泪一滴滴掉在她的胸前。

我感觉到，品萱对于妈妈的委屈，似乎有很大的情绪。

"妈妈是为了谁委屈？"我慢慢地问出这个问题。

品萱低着头，掉泪的速度越来越快。

"我觉得，是为了我。是因为我，妈妈才不能离开，她其实可以不用忍受这些，是因为我的缘故，所以她留了下来。"

那是充满罪恶感与心疼妈妈的眼泪。

妈妈为了孩子，放弃自己的人生

"你愿意再多说一点吗？"我看着她。

"妈妈当初其实可以做自己的。她可以丢下我们，不用在这个家忍受爸爸的脾气。那时候，她还那么年轻，而且她一直说，她很想继续念书，可是因为有了我们，爸爸也还在念研究所，所以她就没办法，因为我们需要人照顾。

"当时她选择了我们，她没有那么自私。所以，我应该要听话一点，让她的人生可以顺遂一些，这样爸爸跟她也能少吵架，至少不会为了我吵架。因为爸爸经常把我们乖不乖的责任，推到妈妈身上。"品萱像个孩子一样，用手背擦着眼泪。

我推了推纸巾盒。她对我感激地笑笑，抽了一张过去。

对品萱来说，妈妈为了孩子，放弃了自己的人生，似乎也影响品萱做出"一定要听话"的决定，而且很难松动。

那背后似乎还有一个更重要的意义，影响着品萱。

把妈妈的感受放在第一位

"听你这么说，好像你觉得，那时候的妈妈，没有选择'做自己'，没有那么'自私'。"我回想刚刚品萱说的话，斟酌使用着她用过的字词。"所以，你觉得，如果'做自己'，按照自己的想法做事，满足自己的需求，就是'自私'吗？"

"对。"品萱不假思索地回答。

"如果这么做，会怎么样？"我看着她。

"会给很多人造成困扰，家庭会破裂。而且，我会对不起妈妈。"品萱开始一直流泪，"她已经为我牺牲了她的人生，我怎么可以这么自私？怎么可以不听话？会不会因为我不听话，她会很难过，就会觉得她以前的付出都没有意义？"

"所以你觉得，如果你不听话，会让妈妈认为你不够在乎她，甚至不爱她吗？"我看着品萱，慢慢地问出这个问题。

品萱呆了一下。

"我没想过这个问题。不过，你这么一说，我觉得好像是这样。"

"难怪你总是那么在意他们吵架。因为，你把妈妈的感受放在第一位,你怕妈妈如果不开心,或是很难过,"我轻轻地说,"说不定,还会决定要离开?"

品萱低着头,边掉泪,边点头。

我怕我让你觉得你不够重要,所以我努力把你放在我生命最重要的位置,献出我的灵魂,空出我自身的感受与需求,让我成为只装载你情绪的容器,用我的人生让你满意。

走着、走着,我忘记自己的样子,而灵魂与感受,也不知道丢到哪里去了。

当我要把这些生命中重要的事物,拿回我身上时,我却觉得有点害怕。如果我开始有自己的感受、想法、需求,拿回自己的灵魂与生活的重心,再也不是奉献给你时,你是否会觉得我自私?你是否会觉得自己不重要?你会不会受伤?

会不会因为这样,你会对我失望,决定要放弃这段关系?

"所以,你觉得'做自己'是自私的吗?"

"是。"品萱不假思索地回答。

"我知道你会告诉我的正确答案是什么,我也知道父母跟孩子应该是独立的。但是,我就是没有办法,没办法不考虑妈妈的心情、爸爸的喜好,只做自己。"品萱抬头,看着我,"老实说,我很羡慕哥哥,但是我也对他很气恼。因为他这么做自己,所以我没有选择,我只能待在家里安抚父母。我知道这是我的选择,但我就是不甘心。"

哥哥抛下了我

第一次,品萱的愤怒这么明显。这对品萱是很重要的,因为这股愤怒,有机会能够让她更了解自己内心的感受与想法。

"不甘心?什么让你不甘心?"

"我不甘心他这么不在乎,不甘心他不帮忙,不甘心我只能用这种方法留下妈妈。不甘心我这么担心害怕,而爸爸跟哥哥都无所谓。"品萱说得越来越快,也越来越大声。

"还有……"

她开了个头,但没有继续说下去。

"还有?"

"还有,我不甘心我这么努力,妈妈都没有看见,她最担心在意的,还是哥哥。"品萱咬着嘴唇,"所以,我觉得做自己,很自私,也很狡猾。"

"狡猾?怎么说?"

"他可以做自己想做的事,还可以被在意,而且……他就这样离开家里,什么都不管,抛下了我。"

我很乖,是因为妈妈;
但妈妈最担心与在意的,却是那个让她最烦恼的孩子。

原本应该跟自己站在同一阵线,一起留下妈妈的哥哥,却为了做自己,丢下了家,也丢下了品萱,让她独自面对这一切。

那些"没办法"的无力感、感觉"自己这么努力,却没有得到自己想要的关注"的失落感，以及"被哥哥抛下"的被背叛感，让品萱感到受伤，以致愤怒。

"结果，似乎只剩下你担心这个家，所以你努力符合父母的要求，希望能够让他们'在一起'不吵架，但你觉得哥哥不帮你，他只做自己想做的事；而爸爸也是，一直跟妈妈吵架、挑剔妈妈，像是想把妈妈推走一样。"

我试着描述品萱的担心。

"好像这个家只靠你维系着。如果连你都撒手不管，这个家说不定就会分崩离析，但是大家好像都不担心，只有你一直在意，所以你很辛苦，也很生气。"

"我也想要做自己啊！那大家都这样的话，这个家怎么办？"

品萱突然大声地说出来。

真正的害怕，或许就是：品萱认为"做自己"就是"自私"，而"自私"会破坏目前家里的表面和平，会伤害关系，会让家里出现冲突而可能撕裂……

所以，"不能自私"。

妈妈"没有自私"，她留了下来，所以家里维持原状；

哥哥自私，所以父母总为了哥哥吵架；

爸爸有点自私，一直挑剔妈妈，所以也让家里的关系摇摇欲坠。

如果连一直是乖孩子的我，都自私地做自己，那，这个家会变成什么样子？

不敢当"不听话的孩子"

那些恐惧与罪恶感，让品萱不想，也不敢当"不听话的孩子"。而这可能是之前她没有发现的部分。

"我很意外，原来我自己这么想的。"说完这些话的品萱，若有所思地望向我。

"我也是第一次听你说出这些话，你现在感觉怎么样？"

"虽然心情很复杂，但是，心里好像比较轻松了。"品萱抬头看我，"你觉得，我可以回去跟家人讲我的想法吗？"

第一次，我听到品萱主动想跟家人表达自己。对她来说，这是一个很不容易，也很勇敢的决定。

"当然。你想先找谁谈呢？"

品萱想了想。

"我原本以为是妈妈，但我想先去找哥哥谈。我想知道，当他做出离开家里、追寻自己目标的决定，他有想过家里吗？有想过我吗？"

"我猜，你一定很喜欢哥哥吧？当他决定要搬离家，要读自己想读的专业的时候，你是否很难过？"我感受到她对哥哥的感情，轻轻地问。

听到这里，品萱的眼眶红了。

我以为哥哥会一直保护我

"我都忘记了……我小时候最喜欢哥哥。虽然我很爱哭又爱做小跟班，但我的哥哥和别人的哥哥不一样，他不会嫌我，会一直让我跟着,而且他和我在同所小学上学时,都会跟别人说,这是我妹妹,你们如果欺负她,我就揍你们。"品萱笑了。

"从小哥哥就保护我、很关心我,所以,我以为他会一直保护我。没想到,后来他就离开家了,什么都没跟我说。"

品萱开始掉泪。

"所以,哥哥搬离后,都没跟你联络吗?"

品萱想了想。

"其实也不是,哥哥曾试着跟我联系过几次。我现在想起来,好像不是他不跟我联络,而是我对他很冷淡,"品萱苦笑了一下,"我现在才知道,大概是我在生他的气吧。"

"不过我发现,我似乎也太依赖他了。我从来没有问过,为什么他要做这样的决定,是不是他也有很多难处,而我没有关心他,没有注意到。"

"非好即坏"的心态

在还是孩子的时候,我们很容易会陷入"非好即坏"的心态:

我们发现这个人符合我们内心深层的需求与期待,于是"理想化"对方,觉得对方会保护自己、无条件地爱自己、接纳自己,不会离开自己。

但当对方有自己的需求、有自己的选择,变成不符合我们期待的样子,我们的理想破灭,对他的愤怒,可能排山倒海:觉得他背叛了我们,觉得他很自私、很可恶。

但长大的过程,就是要学会分辨:

原来，对这些人形象的赋予，都是我们的投射。对方就是人，他有符合我们期待的部分，当然也有不符合的部分。

但他活在这个世界上，不是为了符合我们的期待，而是为了他自己。

当我们不只满足于如孩子般单方面被照顾、被理解与被接纳的位置，还愿意同样地去理解、接纳与照顾对方，愿意"如他所是"地了解对方；

当我们愿意把自己该负的责任拿回来，不再仅是期待别人的拯救与保护，而是开始学着照顾、保护自己，并且勇敢地为自己的人生主动做选择与决定时——

我们的心，终于不再只是停在"受伤孩子"的阶段，而是勇敢地往"成人"的路上迈进。

我们，也将找回自己真正的样貌。

承认脆弱

不犯错小姐：
我能让你看到"不够好"的自己吗？

这次见到怡琪，她看起来似乎跟之前有些不一样。

不知道是否因为约在秋日午后，阳光轻轻照在她的身上，人感觉变得有些慵懒放松，平日因焦虑而纠结的眉头，也舒展开来。

整个人有松开的感觉。

"Hello，你看起来感觉不太一样。"我坐下来，跟她打了个招呼。

"好的不一样，还是不好的?"她笑了，和我开着玩笑。脸上有些俏皮，是之前我没看过的表情。

"是感觉'什么松掉了'的不一样。"我也笑了。

"大概是因为，我最近终于放了假，跟我的高中好友们一起去宜兰做了三天两夜的放空小旅行，发生了一些事，这也是我今天想找你谈的原因。"

我点点头，专心听着她说。

听见自己在朋友眼中的模样

这次小旅行是她的高中好友提议的。怡琪的确很久没有见到她们，加上最近对工作有些倦怠，于是难得答应了去旅行的建议。

旅行的过程中，怡琪很习惯考虑所有人的需求、照顾大家，也会因为某人的一句话而想太多，或是担心自己是否做错或说错了什么，忙得团团转。

其中有个朋友看怡琪的样子，忍不住说："你这样会不会太累? 我们都有手有脚，可以照顾自己。你呢? 你照顾好你自己了吗? 你是出来玩，不是来当我们的仆人啊!"

当这个朋友说出这些话时，其他朋友也拼命同意，大家七嘴八舌地说：

"被你照顾感觉很好，没错，但我们也想照顾你啊！"

"你好像总勉强自己做很多。我们看了，都替你觉得累。"

甚至有个平常话不多的朋友，都突然说话了：

"每次看着你，总觉得你身上背负着很重的东西，想问你愿不愿意让我们分担，但你好像距离很远，一脸'我自己来，没关系'，让人忍不住又把话吞了回去。"

总说"没关系，我自己来就好"

怡琪听着朋友们的反馈，她才第一次发现，原来自己在别人眼中，是这个样子：

很认真、很在乎别人的感受，常常为了别人而忽略自己，也总是独自背负着重担，不习惯跟别人说，也不习惯求助。

"没关系，我自己来就好。"这句话，是怡琪的座右铭。

没想到，这样的自己，虽然不会麻烦别人，却也把一些在乎自己、想要关心自己的人给推远了，让他们没办法靠近。

"每次都被你照顾，我们也很想帮你、支持你，只是你好像不太习惯，所以我们都没有机会。"朋友苦笑着说，其他朋友也跟着点头。

原来，自己这么努力地不想麻烦别人，

反而让别人没办法靠近自己，也让自己更孤单。

听了朋友们反馈的怡琪，在回饭店的车上，想了许久。于是，旅行结束前的最后一晚，在饭店的房间里，怡琪跟好友们分享了自己从来没有跟别人说过的事：

包括自己工作的辛苦，对自己的自我怀疑与苛责；以及自己的家庭，家暴的父亲与离开她的母亲……

还有，总觉得"自己不够好，配不上现在这一切"的心情。

总觉得自己不够好，拥有这一切是奢求，所以必须要很努力才能留得住，否则这一切就会如幻影、如泡泡般消失，如美梦般被收回。

总觉得有人带着严苛的标准，检视我的所有举动与一言一行。只要发现我不好，就会被所有的人厌恶、嘲笑，世界就再也没有我生存的位置。

所以她只能戴上面具，拼命努力，表现出别人希望她表现的样子；看起来光鲜亮丽又工作能力强，但内心，她认为自己又笨又丑。

所以，她不能跟任何人太过靠近，因为，她自认为勉强穿着的外衣太过绚丽，更映照出内心的贫乏不堪。

为了被世界接纳，她极力装饰着自己的外在，却更感受到内心自我与外在的落差；觉得自己比不过别人，自己是装的、是假的。那种"自惭形秽"的感觉，让她更不敢跟别人靠近、建立深入的关系。

所以，她只能用"让自己有用""讨好""照顾别人"的方式，让自己不被讨厌，也与人保持距离，建立她所习惯的"安全关系"。

但内心的空虚、匮乏，仍然呼喊着，希望能与人建立深入的亲密关系，只是……

"只是，我觉得我不好，我不够格，所以我不敢。"

原来我一直很努力的样子，反而让别人没办法靠近我

"我一直觉得，你们每个人都很好，都有爱你们的父母。如果你们知道我真正的样子，知道我的家庭，可能就不会喜欢我了。"

当怡琪含泪说出这些话，她的朋友们都静静地听着。

然后，其中一个人走到她身边，给了她一个很深的拥抱，所有人也一拥而上，一起抱住她。

"你真的很辛苦……不过，可以对我们多一点信心吗？"朋友对她眨眨眼，又哭又笑，"怎么会以为我们听了这些，就会不喜欢你啊？"

"我们觉得很心疼你，你一个人背负这些东西这么久。"另一个朋友摸摸她的头说。

"难怪你这么替人着想，原来你是苦过来的。不过，跟我们在一起，你应该可以不用那么紧张辛苦。我们不会因为你没有照顾我们，就会对你生气，因为我们都有能力照顾自己；有的时候，也会想照顾你。"其中一个朋友对她说。

那一晚，就在这样的交心中度过了，那是怡琪从来没有

过的体验。

"我没有想过，当我说出我最不堪的事情、我最自卑的家庭、表现自己最脆弱的样子、哭得乱七八糟……居然是可以被接纳的。"怡琪含着泪说，"我也没想过，原来我一直很努力的样子，反而让别人没办法靠近我。"

"是啊，当你不想麻烦别人的时候，反而让你重要的人，没有机会对你表现他的在意。有些时候，别人想要主动帮你、照顾你，不是因为你是个麻烦，而是因为他们真的很在乎你，想帮你做些什么。"我看着她，缓缓地说，"这就是爱的表现，不是吗？"

"所以，我可以让别人有机会，表现对我的在意与爱？"怡琪眼泪掉了下来，"然后，他们不会觉得我是个麻烦？"

这句话，正是怡琪内心最深的害怕：

如果我真的放心依赖了，是否又会被抛弃、又会失望？又会发现，我只能自己努力，只能靠自己？

"我想，当别人希望你可以稍微依靠他们时，相信他们对你的爱，是很重要的，那会让你产生力量。

"不过，你需要练习判断，即使有的时候，对方拒绝你，并非他们不在意你，或是觉得你很麻烦，而是他们当下有困难，也有自己的需求。

"有些人的拒绝，的确可能是因为不在意你；但有些人是因为有困难。练习判断这些，你可以知道哪些人觉得你重要、在意你的感受，而花时间在那些人身上；远离那些不在意你，甚至只把你拿来满足自己需求的人，不用勉强自己去迎合每一个人。

"这样，你才能分辨，哪些人是你可以靠近、亲近的人，而哪些人可能不适合。也才不会花太多力气在不适合的人身上，让自己太辛苦，甚至太受伤。"

听了我的话，怡琪低着头，深深思考着。

然后，她抬起头，看着我，微微地笑了。

连日阴雨绵绵之后，今天，洒在我们身上的阳光，暖暖的，真好。

"钢铁先生"：难以消化的自责与罪恶感

昱禹与太太芯玲坐在咨询室的沙发上，分据沙发的左右各一角，谁也不看谁。

我才知道，原来我们咨询室的沙发这么长。

看来，这段时间里，他们发生了一些事情。

打出"洗澡牌""休息牌"……

"我真的不能理解，他到底要我怎么做？"芯玲首先发话，感觉怒气冲冲。

"我后来想了想，或许是我太习惯忍耐、不习惯说出来，让自己压力太大。所以，这段时间，我练习想要跟他说，跟他说我的痛苦，还有生活中让我很难忍受的部分。可是，他根本不想听。我一说，他就走去房间换衣服，或是去洗澡，不然就是闭着眼睛躺在沙发上。"

"昱禹，芯玲说这些话的时候，你在想什么？"虽然想问感觉，但知道昱禹对"感觉"的响应较少，所以，我问了另外的问题。

"没想什么啊，我就只是刚好想换衣服，刚好要洗澡，刚好想闭眼睛休息一下。她在讲，我在听啊！"昱禹一副"所以现在法律规定，回家是连洗澡都不可以吗"的表情。

看起来就像是个叛逆青少年。

只是，在自己开始想要掏心掏肺、说些平日不容易启齿的话，但当对方的反应是如此：发"洗澡牌""我很累，要休息牌""没说话就走掉牌"，的确会浇灭说者的勇气，也会把这样的反应当成"拒绝"，从而更加挫败无力。

只是，这些"刚好"，是不是昱禹的抗拒？

对他而言，听这些话，是不是很难忍受？

会让他想到什么？感受到什么难耐的情绪吗？

"你根本就是不想听啊！你知道吗？我真的很寂寞，带孩子很辛苦，我也很想像你一样出去工作啊！如果我在台北，我还可以找我爸妈帮忙、找朋友吐吐苦水，可是现在，我就是一个人在这里，就这样被绑住，什么都做不好……"

芯玲生气地说着，但眼眶慢慢泛红。

"芯玲，你想说的是，当你想跟昱禹分享那些生活的困难，或是因为搬到这里的心情变化时，你其实是想要获得他的理解与支持，对吗？"

我一面概括着芯玲说的话，一面留意芯玲的表情。

另一方面，我的余光也一直注意着昱禹听这些话的反应。

脸上闪过一丝痛苦的表情

我发现，当芯玲说到自己的辛苦和寂寞、说出觉得自己什么都做不好时，昱禹的脸上闪过一丝痛苦的表情；不过，这表情很快就不见了。

然后，他抿着嘴，两手交叉环胸，一边跷着脚，一边抖，更加把自己缩在沙发的另一边。

脸上是看起来好像在生气、充满防卫的神情；但我却感觉，他似乎在保护着什么。

是否，他正在保护那个，内在觉得痛苦而脆弱的自己？

"我现在也不知道，我到底想不想要他的理解与支持。因为我觉得他根本不想支持我。"

芯玲看起来很生气，却也掉下了眼泪。

"他一定觉得我很没用，抗压能力很差。所以，我就干脆没用给他看，反正他就是这样看我的。"

"'没用给他看'是什么意思呢？"

我心里默默猜到了，但还是问了。

"原本我把酒都扔了，想尝试着不喝酒，用跟他讨论分享的方式，去解决、纾解我的压力。我以为这会有用。可是老师，这完全没有用，还让我压力更大。所以，我就决定报复性饮酒，反正他看我,就像看个累赘和麻烦一样。"

芯玲开始一直哭,看似生气的表情,夹杂着挫折与羞愧感。

这种自暴自弃的愤怒,其实是极为受伤的自我保护反应。

现在的芯玲,很难过。

讨厌我一直喝酒,跟他妈一样?

"你很努力想做些什么,改变现在的状况,但当你无法靠近昱禹时,很担心昱禹是怎么想你的。你担心,他是否觉得你很没有用,所以不想靠近你。"

芯玲听着我的话,稍微平静了一些,点点头。

"昱禹,听了芯玲说的,你想说些什么吗?"我又捕捉到昱禹脸上一闪而逝的痛苦神情。

昱禹没有说话,脚抖得越来越厉害,看起来,好像正在生气、很不耐烦。

但我猜测,昱禹对于自己现在浮现的情绪,心情非常复杂,不知道该怎么处理与应付。

因为这股情绪,让他很不喜欢、很焦躁不安。

"我留意到,当你听到芯玲说的某些话时,似乎会有一些情绪,但你不喜欢那样的感觉?"我对着昱禹,缓缓地说。

昱禹没有表情,不看我,也不回应,继续他的不合作运动。

此时,芯玲插了话:

"他就是很讨厌我,很讨厌我这个样子,没有用,一直喝酒,跟他妈一样……"

芯玲控制不住情绪，哭了出来。

两人都被昱禹的过去给困住了

这是她一直以来害怕的。她一直很努力，希望昱禹可以觉得她很好，可以更爱她一些，所以她很忍耐，直到快要崩溃为止。

她的努力与忍耐，是否也是对昱禹的心疼？心疼他有个辛苦的童年？而她现在的崩溃、对昱禹的情绪，是否也包含了对于"自己做得不够好"的挫折与自责？

对芯玲和昱禹来说，是否都被昱禹的过去给困住了呢？

想到这里，我决定回过头去与芯玲聊聊。

"芯玲，我听到你说，你觉得昱禹很讨厌你没有用、像他妈妈的样子。你一直很害怕这件事吗？很害怕变得像昱禹的妈妈一样？"

芯玲停住了。她想了想，然后点点头。

"我好像没有特别想过这件事。只是，结婚以来，我一直对自己说，我一定要做得很好，要很努力，给昱禹一个不一样的家庭。"芯玲轻轻地说。

"'给昱禹一个不一样的家庭'是什么意思？"似乎露出一线曙光，我紧接着问。

"他以前跟我说过他的童年。他的童年真的很辛苦，都在照顾妈妈，又要面对爸爸的怒气。他还有弟弟、妹妹，妈妈跟爸爸都没有力气照顾他们，所以这个担子又落在了他身上。"

芯玲一边掉泪，一边用手背抹眼睛，像个小孩一样。

"第一次听到的时候，我真的很难过。那时候，我就做了一个决定，以后如果我和这个人结婚，我一定要给他一个不一样的家。"

"听起来，你很心疼昱禹，所以，你很想努力给他幸福，对吗？"我听了芯玲的话，心里酸酸的。

"可是，我还是失败了。我太软弱，没办法做好，最后，还像他妈妈一样，一直喝酒，让他不想回家……我很努力，可是我好没用……"

原来，那些抱怨，是求救、是恐惧

原来，那些抱怨，其实是求救、是恐惧，是对自己做不到"自己期待的样子"的害怕与失望；不知道要怎么样，才能变成自我期许的自己，也想确认会不会因此失去对方的爱；面对这样的恐惧，只好求救，只是那些求救，久了就变成了抱怨。

而失望，也从对自己的失望，转变成对昱禹的失望，因为，这样不用一直面对"自己不够好"的羞愧感，而只要转而对昱禹愤怒就好。

愤怒，永远是有力的，也是比羞愧感与无力感，更容易被自己接受的负面情绪。

芯玲眼泪越掉越多，那些眼泪来不及抹掉与隐藏，就这样打进我们的心。

包括昱禹。

他转头看了一眼芯玲，又快速地转回来。那抹痛苦的表情，又出现在他的脸上。

"我没有觉得你做得不好。"一直没有说话的昱禹,说话了,"我……做不好的,是我。"昱禹扶着额头,无意识地抓着头发。

"我才是真的没有用的那个人,没办法让妈妈变好,又让你变成这样。"

昱禹的声音哽咽。

芯玲一脸惊讶地转过去看着昱禹。

"昱禹,我刚听到你说出很重要的事,我和芯玲都非常想听。你愿意多说一点吗?"我慢慢地说。

芯玲在一旁,一面点头如捣蒜,一面擦掉眼泪,很认真地看着昱禹。

室内的空气变得很安静,没有人说话,只听得到指针转动的声音。

过了一会儿,昱禹说话了:

"我知道芯玲很努力。她真的很辛苦,跟着我来新竹,又生了孩子,变成全职家庭主妇。她原本的工作也很好,我知道她很喜欢工作,也很喜欢在台北的生活。结婚前,她也跟我说过,她不想当家庭主妇。但婚后,她会来新竹,留在家里带小孩,都是为了我。"昱禹哽咽地说。

"我什么时候跟你说,我不想当家庭主妇?我没有啊!"芯玲突然插话。

"有一次,我们在看电视,那时转到一部韩剧看了一下,然后你说,你没办法像剧里的女人一样,当家庭主妇,整天只忙老公和孩子的事。"

昱禹深呼吸了一下，声音也恢复正常。

我看向芯玲，芯玲一脸"有这件事吗？我怎么不记得"的表情。

或许，昱禹比芯玲想象的要更在意她，所以她说过的一点小事，昱禹都放在心上。

只是从没表现出来过。

"后来，婚后我找到新竹的工作，你鼓励我接下来，跟了我过来。但我知道，你心里其实是很不愿的。"昱禹停了停，"所以，其实我一直都在找台北的工作。"

"什么？你怎么没有跟我说？"芯玲很惊讶。她看着昱禹，似乎从没想过他心里是这么想的。

"干吗跟你说呢？我又还没找到。"昱禹自嘲地笑了笑。

那笑里，似乎带着些辛酸。

那是自责与寂寞的表情

"昱禹，你刚刚回答芯玲的时候，笑了一下，怎么了？"我问。

那个笑，背后似乎有着很重要却难以描述的情绪。

"觉得自己很好笑啊！我也很想让芯玲幸福，可是，我没有能力让她过她想过的生活，只能留在新竹。"

"听起来，你好像有点自责？"

"我就觉得，自己没能力做到让她快乐幸福吧！"昱禹往后躺，露出了一个表情。

那不只是自责，而是寂寞的表情。

"你说这句话的时候，让我感觉，你好像有些感触？"

我小心、慢慢地探路。

"就觉得，自己大概是个没能力幸福的人吧！好不容易有了一个不错的家庭，太太和孩子都很好，但我没能力，又搞砸了。"

"又？'又搞砸了'是什么意思？你之前搞砸过吗？"我小心地问。

昱禹听了我的问题，抿抿嘴，用手无意识地在嘴边抹了一下，又放下来。

看起来，是有什么想说而没有办法说出来的话，在昱禹嘴边。

我和芯玲等待着。

然后，昱禹叹了口气。

我一直在想，如果当年我再努力一点……

"我知道这么想可能有点蠢……但在我妈肝炎过世后，我一直在想，如果我再努力一点，或是那时候的我，能力再强一些，我是不是有可能留住我爸在这个家，或是，让我妈能够不要那么快就去世？

"有时候我会想，是不是我做得不够、不够好，所以她才舍得丢下我们，就这样自暴自弃地喝酒，就这样走了？

"可是，除了照顾她的起居，我不知道怎么关心她，也不晓得她是怎么想的。我只知道，她一直抱怨爸爸。那时候，我对这些情况完全无能为力，那种感觉真的很痛苦，所以我就让自己像机器人一样，把生活中的每件事做好。

"现在，我找到一个我喜欢的人，建立一个我想要的家庭。她本来很好，但后来被我变得跟我妈一样，而我却变得跟我爸一样。我在想，可能是我这个人真的有问题，沾染到我，都不会有什么太好的下场。"昱禹露出自嘲的笑容。

"听起来，你好像在说，你觉得自己是一个没有资格得到幸福的人？"我轻轻地说。

听到我说的这句话，昱禹眼眶迅速转红，立刻转头看向窗外，不让我和芯玲看到他可能流露出来的情绪。

"对你来说，芯玲和你的孩子，是你最重要的人，对吗？"

"当然。"昱禹不假思索地回答。

旁边的芯玲身体震了一下，她转头看向昱禹，眼眶迅速充满泪水。

但昱禹仍看向窗外，没有看我们任何一个人。

然后，我看到了，芯玲将她的手，怯生生地盖在了昱禹放在沙发上的手上。

你身上的担子，我们能不能一起扛？

"我也觉得你对我很重要，所以我才会那么努力，我也很希望给你幸福，希望你可以不用再那么累，不用只是照顾别人，而可以被照顾。"芯玲开始掉泪，"因为，我觉得你是个很好很好的人，你一直很努力，也很辛苦，我都看在眼里，所以我在想，你身上的担子，能不能分一点给我？我们一起扛，就不会那么累。"

芯玲用另一手抹着眼泪，慢慢地说：

"来新竹这件事，是我的选择；在来之前，未来可能会发生什么事，我都想过。不过，其实来新竹，不是让我觉得最辛苦的；最辛苦的，是我发现，来新竹后，我跟你变得好遥远，你看起来好像一直在忍耐什么，可是我不知道。我觉得慌，我怕你是在忍耐我。"

那是很深的害怕。

到了一个新的环境，自己变成了自己也不熟悉的样子，而最重要的是丈夫对待自己的态度又有如此大的变化，让芯玲害怕地想：

是不是自己现在这个样子，太没有用、是丈夫的累赘，所以他才不想靠近自己？

于是，芯玲用自己的方式，非常非常努力，努力过了头，反而让自己撑不住了。

而昱禹，看着芯玲的变化，更觉得是自己没有用，勉强芯玲做她不想做的事，才会让芯玲变成这样。

那些过去面对妈妈酗酒和爸爸离家的无力感与恐惧，全都涌了上来，与现在的情绪交织在一起，变成巨大的罪恶感、恐惧与自责。

而从来没有学过怎么对人敞开心胸、不容易谈自己内心脆弱的昱禹，只能一边逃跑，一边用自己的方式努力，却发现怎么努力都改善不了状况。

这些情绪太过复杂、痛苦，也难以承受，昱禹不知道该怎么处理，于是就用他以前最习惯的方式——情绪隔绝，把自己关起来。别人碰不到自己，自己也出不去。让自己做该做的事情，行尸走肉、毫无感觉地过生活。

昱禹，坐着自己的牢，当着自己的狱卒。

他们都有自己的伤，也都很在乎对方

昱禹这么做，只是为了避免碰触到那些对自己深深的失望：认为自己没能力让重要的人幸福快乐，自己也让幸福从手中溜走的自责、罪恶感与羞愧感。

而这股情绪蔓延到芯玲身上，于是，芯玲也陷在这样的感受当中；这个时候，更让她感到孤独与寂寞，觉得更需要被理解，希望与昱禹联结却未果，于是转而寻求酒精的慰藉。

我忍不住想，会选择酒精，是否也是因为芯玲在无意识中，认为这是可以最快让昱禹注意到，可以让他回头来照顾、靠近她的方式？

对这两个人而言，这是多么沉重的情绪呀！

而他们，都有自己的伤，也都很在乎对方，所以，他们都很努力。只是，为了照顾对方的努力，反而把彼此推得更远。

听着芯玲说的话，昱禹没有回头，也没有说什么，但他的手，反向握住了芯玲的手。

被握住手的芯玲，哭得更厉害了。

害怕一说出口,会不会就崩溃了?

"我想问你,你会觉得我是你的累赘吗?你会觉得现在的我,很没有用吗?"芯玲哽咽地问,"我好害怕,我喝酒让你想放弃我,你只是说不出口,因为我们有孩子。"

听到芯玲的问题,昱禹还是没有转头,但他把芯玲的手,握得很紧很紧。

我想,对昱禹来说,他内心现在的情感是澎湃激荡的,但他一直都不知道怎么处理这样的心情,不知道要怎么表达。

或许,甚至有些害怕,如果说出口,会不会自己就崩溃了?

毕竟,忍了那么久。

如果自己崩溃了,会不会,芯玲就会不喜欢?会不会觉得这样的他很没有用?

只是,在亲密关系中,真正加深彼此情感的,不是那些看似"有用"的部分,例如照顾对方、提供物质……

而是,当我们愿意让对方看到我们的脆弱、恐惧、情感……那是我们真正的样子,而只有对方,我们愿意让他看见。

那些我们误以为"没有用"的部分,却是在关系中最珍贵的部分。

看着一直不发一语的昱禹,仍然紧握住芯玲的手,我说话了:"昱禹,当你听了芯玲的话时,我看见你一直紧握住芯玲的手,我猜你内心有很多很多情绪,只是你不习惯说出口。"

我看着昱禹:"你怕说出口,会怎么样吗?"

昱禹没有回话。良久,他头转回来,但仍没有看向我。

"我不知道是不是怕。"

"你想说说看吗?"

"我只是……我怕说出口,会崩溃。"昱禹开始眼眶泛红。

"没关系,我陪你。"芯玲另一手也握住昱禹的手,看着他,坚定地说。

这个时候,我的眼眶也红了。

"你没有不好……我只是觉得自己很没用,可是,你不要丢下我,好不好?我真的很需要你……"

昱禹突然大哭起来。他将芯玲的手拉了过来,碰着自己的脸,像是想得到一些抚慰般。

芯玲立刻坐到昱禹身边,用力抱住他:"我不会丢下你,只要你不要因为害怕就先把我推开,好不好?"

芯玲用手摸着昱禹的头,安慰着他。

阳光从窗帘的一角照了进来,暖暖地照在拥抱着的两个人身上。

真的很好。

有的时候,我们会怕因为自己没有用,会让所爱的人不要我们。

却没有想到,或许,对爱我们的人而言,不论我们有用、没用,我们的存在与给他们的爱,对他们来说,就是难以替代的美好，是极为珍贵的宝物，能给予他们支持、力量与勇气。

我们都有伤，都会有困难。但当我们能够在一起互相扶持，或许，那个困难就没那么难以跨越；那些伤，也总有慢慢愈合的一天。

第四步

行动

在人生里,每个人都有自己的选择,也会有自己呈现的样子。
不论是什么样子,都是我们用自己的方式在努力的样子。

看见伤：给过度努力的自己一个拥抱

有用医生：停止批评自己，理解自己的选择

这几次看到育仁，感觉他放松了很多。

"之前那样哭一哭，好像真的有一些东西变得不一样了。"育仁笑着说。

"哦，有什么东西不一样了？"我好奇地问。

"也许就是比较轻松了吧！现在在工作上，不太会像以前那样发脾气了。"育仁耸耸肩，"很奇怪，好像咨询也没做什么，道理我都懂，可就是感觉到自己有些改变。"

"你觉得，现在跟咨询前比起来，在面对一些工作上不愉快的状况时，感受、想法或是处理方式，有什么不一样吗？"

育仁发现了自己的不同，我想要陪着他梳理看看。了解自己在面对这些事的感觉、想法与行动，以及他内在的人生脚本，是否有什么松动，让他可以有不同的方式去应对这些困难与挑战。

毕竟，他的生活与工作中，会一直遇到这类的难关，了解自己拥有哪些资源，可以帮助他自己跨越过去，是非常重要的。

接受现状后，一切变得不一样了

育仁靠在沙发上，闭着眼睛想了一想。

"可能最大的不一样，就是接不接受吧！"

"怎么说？"

"以前我遇到这些事情的时候，会觉得很生气。一方面是因为挫折感，但另一方面可能是因为，我认为这不是我选择的。我本来认为，当医生是我爸妈的选择，不是我要的，我是被逼的。"育仁摩挲着自己的大腿。

"不过在跟你谈的过程中，讨论到生存策略时，我才发现，虽然我的确是为了在我爸的情绪下生存才选择做医生；但决定当医生，仍然是我自己做的选择。因为我评估过，做这个选择，可以让我不用一直花力气处理我跟爸妈的冲突，还可以让我赶快存到钱，搬离这个家。"育仁突然笑了，"而且当医生常常需要值班，我就有不回家、住在宿舍的理由。"

"当我发现，原来当医生还是我自己的选择，我不能全部都怪到我爸头上时，后来，在工作中面对不顺心的事的时候，我好像变得会跟自己说：'呃，可是这个工作是你自己选的，以后这种事说不定还很多，所以你得想办法面对才行。'"

"很有趣的是，我这么想以后，心情反而平静了不少，有些事也变得能忍受得多。因为，医院就是充满各种事的地方，没有才奇怪吧！"育仁大笑。

我非常佩服育仁的觉察与调适能力。

"这是我的选择"，并不等于"这是我的错"

有时候我们人生最难受的，是发现：原来现在的痛苦、境况,与自己的选择有关。对许多在人生中已经伤痕累累的人而言,要承认这件事,等于是在怪自己:"现在会受苦,是你自己的错。"

这是让人非常难以承受的。

当然,承认是自己的选择,并非代表是自己的错;只是,大部分人,容易把"负责任"和"犯错"画上等号,而很难不自我批评。

于是,使得这个"承认选择、负起责任"的过程,成为重如泰山的责任巨石,压得人动弹不得。

只是,当我们不能承认时,却又难以拿回自己对生命的主导权;因此,可能继续留在这个苦当中,恨自己,也恨别人,而无法动弹。

接受并承认自己所做的选择,且了解自己做这个选择,可能是为了生存或逃避一些痛苦或恐惧,而不过度责怪自己,也不逃避勇于面对。

这,其实是最辛苦,也是最困难的部分。

但育仁却自己跨越了这一段。

心里不舒服时,先让自己离开现场

我很想知道,是什么改变,让他能够接受"这是我的选择",而不出现"这是我的错"的非理性信念。

"我后来用你跟我谈的方法,检视了自己一下。"育仁拿起水杯,喝了一口水,"我发现,每一次我对别人很生气的时候,常常是我批评完自己之后。"

这个发现完全引起我的好奇心,我很认真地听着。

"之前像你说的,我心里有个很会批评自己的声音,姑且就把它称为'唱衰魔人'好了。我留意了一下这个'唱衰魔人'的行为模式,发现它会在我工作遇到困难和挫折的时候,跑出来添乱。"育仁笑着说。

"比如我被病人家属骂,心情已经超级不爽了,这时候'唱衰魔人'还会出来说:'你看,你就是什么事都做不好,所以都当医生了,还会被人家骂。'"

"听到它的话,我当然就更不爽,就会越来越生气,觉得这些人都很可恶,为什么我要待在这里被大家糟蹋。后面你就知道了,是我一开始来找你的原因。"育仁有点不好意思地笑了。

"后来我开始按照你说的,在觉得不舒服时,先不要马上反应,让自己离开现场。然后一个人的时候,再试着记录一些自己的情绪。

"我发现,这个方法好像真的有用。离开现场后,我让自己稍微静一静,问自己到底怎么了。几次下来,发现那个'唱衰魔人'的批评实在太影响我了。所以后来只要它开始贬低我,我就让自己冷静一下,客观评估整个情况,然后想象自己去响应它的贬低,对它说,其实没那么严重。

"我发现,这好像可以让我不那么生气,能冷静地把后面的事情处理完,对自己的批评也变少了。然后,我有空的时候,用你建议的方法记录自己的情绪，以找到自己的情绪模式，结果就发现：原来我被批评的时候，会觉得自己很糟糕。像你说的，我没办法消化这些，就会想怪天怪地怪别人，然后现在的状况就会让我更难忍受，让我觉得我是被迫的。"

"不过，当我停止对自己的批评后，承认当医生其实是自己的选择，而不只是我爸爸造成的，好像会比之前容易一些。因为之前我真的会感觉：'我已经那么惨了，为什么还要负全部的责任？'就会觉得更生气，哈哈！"育仁拍拍自己的大腿。

其实，自己不全然没有选择能力

发现育仁如此聪明，我决定再乘胜追击一下。

"发现这是你自己的选择，对你的帮助是什么？"

育仁愣了一下。

"这是个好问题……我没想过。但你这么一问，我才发现这个想法的确帮助了我。我本来以为，认为是自己的选择，就是不逃避、负责的态度而已。"

育仁停顿了一下，想了想。

"不过，当我发现这是我的选择，我才知道，不管我爸是什么样子，我可能都是有选择的。虽然有时候，选项本身可能不够好。"

"你的意思是，不管你爸，或是身边的环境给你多大的压力，其实你都是有选择的。即使有时，那个选择不是你最好的选择，但说不定，那个选择是你评估过，所付出的代价可能比较少，或者，是你可以承担的。例如，你决定当医生，可能因为你爸想要你当，但你也有一些自己的考虑，所以，你做了这个选择。"我顿了顿，看看育仁的反应。

育仁很专心地听着我说。

"因为当时是你的选择，也就是说，在爸爸给你这么大的压力下，你仍然保有自己的评估，还能有做选择的能力；现在的你，一定比那个时候更有力量、更有资源，所以，如果你想要做其他的选择，其实也可以，对不对？

"因为，你很早，就有做选择的能力了。"

育仁若有所思地看着我。

承认自己的选择，不只是负起自己的责任，也是承认自己的力量——相信自己有能力做选择。

不过，有时候因为太苦，要承认是自己的选择，其实是非常困难的。特别是，当身边的人对自己很严苛，而自己为了适应生活，又内化了别人的标准当成自我批评的要求时——

勇气，常在这些批评下消耗殆尽。

当我们愿意理解：自己的选择，只是为了生存、为了适应，而这些选择没有好坏；当我们能给自己一点同理、一点温柔，一些空间，能够好好呵护自我，让自我能够伸展时——

自我会慢慢长出力量，面对这个世界；也将有勇气与弹性，让自己的人生有其他选择的可能性。

于是，我们不再只有努力做到别人标准的"正确答案"，而将能慢慢建立自己的标准，找到属于自己人生的答案。

"一定要赢"先生：
我已经够好了，给自己一点温柔

"有件事，我想跟你聊聊。"明耀认真地看着我说，"关于我和我女友的事。"

非必要从不主动提自己私生活的明耀，开始愿意分享除工作以外的事情；偶尔，也会说出"这我都知道，但要这样做好难"的话。

慢慢敞开自己，情绪开始流动之后，他的恐慌的症状很长一段时间没有发作了。

对明耀来说，这似乎是个意外之喜。

"咨询真的很神奇，我想着姑且一试，结果还真的有效。而且，谈到现在，发生太多事情，我都已经忘了自己一开始来咨询的目的，是希望恐慌症可以好一点。"明耀笑着说，"原来你常说的，'改变，总在你放弃改变的时候'，是这个意思。"

我笑了笑，点点头。

有时候，当我们放弃"努力让自己变好"，而是"希望多了解自己一点"时，拿掉"过度努力"，可能就有一些空间，让"改变"自然而然发生。

只想听好听的，这样怎么进步？

"你说你想聊女友的事，是什么事呢？"

"最近，我跟女友相处得比较好。以前我常会情绪不好，我知道她很让着我，不过，我还是容易发脾气。最近我发脾气的状况少了，也能比较耐心地听她说话。空闲的时候，我们也会聊聊天什么的。"

明耀无意识地用手指在大腿上轻敲着。

"她前几天跟我说了一件事，我有点在意。"

我点点头，继续听着。

"她说，我时常会批评她。当她跟我分享一些自己的想法，或是工作上的挫折，她说，有时她的确希望我可以给一些作为旁观者的看法，但有时候，她只希望我听她讲。可是几次下来，她发现我总是会批评她哪里做得不好，她就不太想讲了。"

明耀说到这里，停顿了一下。

"听她这么说，你的感觉如何？"我不动声色地问。

"我很意外，我认为自己是在帮她，但她反而觉得我在批评她。我又想，难道你希望我只跟你说好听的，不去告诉你哪里还可以改进？如果这样，我们不都在自己的幻想里，以为自己很好，但其实别人都觉得我们很糟糕？"明耀皱着眉头。

"我不是很喜欢这样。像是你们心理咨询师很爱说的，要爱自己、肯定自己。那代表有问题都不能说吗？这不也是一种逃避？所以，她不想进步吗？只想听好听的？"明耀的语气有些上扬，似乎有些焦躁。

"你说得很有道理，这也是我们人生存在的两难的部分：怎样才能让自己进步，却不至于变成批评。"

我点点头，肯定他的想法。

"特别是，你一直都是希望'好，还要更好'的人，也很习惯用这种方法让自己进步，所以，你也会这么对你认为重要的人吧！

"我猜，有时你是替她担心，觉得可能有更好的处理方法，让她的生活可以更轻松，所以你想告诉她，对吗？"

"但她不领情。"明耀耸耸肩，然后他突然笑了，"还是我带她来这里，你跟她说？"

你要不要试着跟自己说"其实这样，已经够好了？"

我笑了笑。

"先别说她，我们先回到你身上。我倒是很好奇：假设在工作上，你遇到了一件让你很生气的事情，错不在你，但最后责任要你承担；如果你正在气头上，想找人聊聊，你会比较希望他告诉你怎么做，还是希望他先听你说发生什么事、说你的心情？"

听我说完，明耀若有所思。

"你想象一下，如果在那个当下，有一个人听你说，然后告诉你，'你真倒霉，但这不是你造成的，你已经做得很好了'，或是，他就是好好听你说完，理解你的心情就好。你会觉得好过一点吗？会不会比一直给你意见，还让你舒服一些？"

"是没错，但这样不是对自己太好了吗？"说到这，明耀的脸皱成一团。

"有什么理由,需要对自己那么不好吗?"我笑着说,"只是给自己一点时间,一点理解与温柔,是一件'天理不容'的事情吗?"我故意开着玩笑。

"你或许很担心,自己一'过得爽',就不会想进步。但如果你努力过了,照顾一下自己的心情,肯定一下自己,我想,不至于让你不想进步吧!"我对着明耀笑了笑。

明耀专注地听着。

"你有没有想过,既然你的一生,从来都想进步,都没有放松的时候,那么,除了担心'不够好',你要不要试着跟自己说说'其实这样,已经够好了'?一直都这么努力的你,应该很值得这句话吧?"

明耀不说话,一直看着我。

"我没有想过,可以对自己说'够好'。"明耀停了一下。

"那你现在试试看,在心里对自己说'我已经够好了',感受一下发生什么事。"

明耀盯着桌面,停顿了一会儿。

"嗯,好像没那么不安、焦躁,不过,有一种特别的感觉出现,不太舒服。"

明耀抬起头来看着我:"我是不是不喜欢这么做?"

"你再感受一下,是不喜欢,还是不习惯?"

明耀停了停。

"的确,好像是不习惯。现在感觉好一些,不过隐隐还是有些焦虑。"

希望你更在意的是"我好不好"

"当你一直在追逐'要更好'时,永远都有机会看到更多不够好的时候;现在,我们要停下来,对自己说:'现在的我已经够好了,可以更好,可是不需要用这个方法来证明自己了。'这种和以前不一样的方法,可能会让你不习惯,但是,也会带给你不同的感觉,那是一种安心感。"我看着明耀,慢慢地说,"你喜欢这种感觉吗?"

明耀若有所思地看着我:"不错。"

"或许有时候,你女友想要的,也就是这种感觉而已:只是想被理解、想被看见。可能比'一直追求更好'还更让她在意,因为那代表,我在你心中是重要的。也就是说,比起'我表现得好不好',希望你更在意的是'我好不好'。"

明耀不发一语。许久,他抬起头。

"我好像从来都不在意自己的感觉,我也从没问过自己'我好不好',就算是在人生最辛苦的时刻。是不是因为我从不给自己温柔,所以我也很难对别人温柔?"

"可是,现在的你,我想是可以做到的。"我笑着说。

比起追求"更好",愿意停下来,给自己和别人一点温柔,问问自己和身边的人:"我好不好?/你好不好?"'是需要更多勇气与信任的。

而我相信,现在的明耀做得到。

今天的你,好吗?

接纳自己真正的模样，不论是感受还是需求

不犯错小姐：接纳情绪，练习表达

和怡琪沟通的过程中，她慢慢地开放自己。原本对自己的情绪很陌生的怡琪，发现自己原来情绪非常多，只是她很习惯用压抑或暴食的方式处理。

某一次见面，怡琪跟我分享了她自己暴食完的感受，还有自己的忍耐：

"我后来发现，进行这个仪式，对我来说，的确是有一种疗愈的意义。平常工作的时候，我一直在忍耐，忍耐很多情绪：忍耐别人对我的期待或攻击；忍耐我对别人不负责任或不考虑我的状况的愤怒；忍耐别人达不到我的标准却又自以为是；忍耐我总是需要照顾别人，但却没有人想来照顾我。"

怡琪苦笑了一下。

"平常对这些事情习以为常，总让自己没感觉；现在有感觉了，才知道自己承受了什么。对以前的我来说，暴食，好像是一种自暴自弃，也好像是吞下许多不能说的情绪；然后，一口气全部吐出来，就好像不吐不快一样，反而有一种发泄的放松感。"怡琪有点尴尬地看了我一眼，"我讲得那么露骨，不知道会不会让你不舒服？"

我摇摇头，给她一个支持的微笑。

"我知道，要说出这些，对你是不容易的，但也很重要，对不对？"见她点点头，我继续问，"不过，你觉得，为什么需要让自己'没有感觉'？"

我怕像爸爸一样失控

怡琪愣了一下，似乎从来没有想过这个问题。她歪头想了想，然后又笑了："大概这样才能撑得下去吧！"

"撑得下去什么呢？还是，你想'维持'什么呢？"

我停了停，看着她。

"我有个感觉，这些忍耐和对情绪的克制，好像是因为你想要'维持'什么。如果不这么做，有什么东西就会垮了？是这样吗？"

怡琪想了很久，然后看向我。

"我原本一直以为，我让自己没感觉，想要一直'撑着'，是因为要生活。生活就是苦的，有感觉，好像就会撑不下去。但你这么一说，我刚一细想，好像有更深的害怕。"

我直起身，非常专注地看着她："你觉得，那个害怕是什么？"

怡琪低下头，认真地想着，然后，她抬起头。

"可能，那个害怕，是我怕我如果有感觉了、没办法忍耐了，我就会失控。"

感觉我们越来越接近核心了，我慢慢地、更专注地探索。

"怎么失控？"

"我怕,我会非常生气,对着别人大吼大叫,或是攻击别人。"怡琪的眼睛迅速泛泪,"像我爸那样。"

只让自己表现出"好"的那一面

原来,怡琪想要维持住的,是"不生气、不失控的自己"。

生气或失控,对她来说,都是很不堪的记忆、很恐怖的样子,就像爸爸一样。

那些愤怒,总会四处乱射,伤害身边重要的人,也让别人想远离自己。

所以,怡琪忍耐着,忍耐着所有的愤怒,只让自己表现出"好"的那一面。

而那些忍下来的愤怒与受伤情绪,通过暴食从对外变成对内,这种"自暴自弃"的感觉,是对他人的愤怒,发泄不出去、压抑下来后,就变成对自我的攻击,化成可能伤害健康的大量饮食,然后吃完吐掉,就像"排毒"一样,吐掉所有的情绪。

暴食,原本就是夹杂愤怒与压抑需求的一种表达方式。

当怡琪越需要压抑愤怒、过度努力维持那个"好"的样子时,暴食的症状就会越严重,而随之而来的羞愧感与自我厌恶感也就越深。

当然,对怡琪的自我价值,还有生活,伤害就越大。

面对这么大的恐惧,我们需要慢慢拆解自我对愤怒的恐惧;要拆解这些,必须要先学会靠近、认识愤怒才行。

我想要一步一步来。

一有生气的情绪，就认为自己不好

"你生过气吗?"我问。

怡琪笑了:"当然生过，不过几乎都是在心里生气，没有表现出来。"

"所以，其实你是生过气的，但你控制得很好，没有表现出来过伤害别人，是吗?"我问。

怡琪想了想，点点头，然后又摇摇头。

"偶尔我还是会表现，就是不讲话。"怡琪停了停说，"不过，刚刚你说到'控制得很好'，我突然发现，好像在生气的时候，我会立刻出现一个感觉，然后，生气就会不见了。"

我听了，知道我们越来越靠近核心。

"你能试着描述看看那个感觉或过程吗?"

"似乎……当我觉得有点不舒服、快要生气的时候，会有一个声音跑出来，告诉我不能这样，甚至……好像会有做错什么事的感觉。"怡琪试着描述。

我点点头:"你的意思是，当你快要生气的时候，这个声音会跑出来，告诉你不能生气，甚至，你会因此有一些罪恶感或羞愧感。这种'好像做错什么事'的感觉跑出来，是不是会让你有些害怕?"

怡琪点点头。

"你觉得，你是怕别人发现你生气，你会被讨厌;还是说，一有生气的情绪，你就认为自己不好，觉得这是很可怕的东西，自己不可以有?"

怡琪停了停，认真地想了想说："好像是后者居多。应该说是，怕自己这样生气很不好、很不应该，这样可能会被别人发现，会被讨厌。"

"所以，为了消除这个'感觉自己不好'的焦虑，你会怎么做？"

"我就会做更多。不管是解决别人的问题，或是扛更多责任在自己身上……然后，我发现，通常这么做之后，我回去会吃得更多。"

怡琪抬起头来看着我："所以，反而我做更多，我的暴食症状就会更严重吗？"

靠"暴食"，安抚羞愧与自我厌恶感

的确，在让怡琪克制"表达愤怒"的恐惧里，最关键的情绪，就是"觉得自己不可以有这种情绪"的羞愧感：出现"愤怒"情绪时，会让怡琪感觉自己很糟糕，就像"原罪"一样。

因为"愤怒"情绪的出现，会让她想到爸爸，而她深刻感受到爸爸对自己、对身边人的伤害，因此，这是她极力避免与爸爸相像也极力想要掩盖的一部分。

但是，她内心深处隐隐担忧："我是爸爸的孩子，也继承了这样的血液与基因，我会不会跟他一样？"

因此，当发现自己有跟父亲类似的表现，也是自己最害怕他表现出来的情绪——愤怒时，心里的防卫机制会想尽办法去除这个恐惧，离这样的自己远一点，于是，反而做出更多与这个情绪相反的事情——

不攻击别人，也不保护自己；反而对别人更好、更负责、更照顾别人、更委屈自己……

而执行这些策略的过程，并没有让怡琪内心的羞愧感变得更轻。反而让怡琪清楚，自己借由这些类似"赎罪"的行为，掩盖自己可能会出现愤怒情绪而攻击别人的"原罪"——

也就是说，对怡琪而言，她心里的想法是：

"我做的这些好事，只是为了藏起我天生就不好的部分而已。"

于是，羞愧感只是被遮掩，但没有被安抚、接纳或消除，这样的行为，反而让怡琪因为过度压抑而痛苦，更讨厌自己，于是，更需要靠着"暴食"来安抚这个令自己痛苦的羞愧与自我厌恶感……

而这一切，成为一个无限循环。

感觉自己不好，就要做得更好；
做得更好，反而让自己更清楚：
自己其实是在掩盖那些不能让别人知道的不好……
这种不言而喻的羞愧感，正是怡琪压抑愤怒的关键情绪。

情绪需要被看见与理解

"你现在说出这些，感觉怎么样？"我问怡琪。

"好像有一种比较轻松的感觉。"她看向我,"其实,重点不是生气,而是我'怎么生气',怎么表达,对不对?"

有些人是这样,虽然被内心的恐惧卡了很久,一旦有机会看清楚恐惧的样貌,反而就不怕了,就懂了。

"是啊,你刚刚也提到,有时候你是会用'不讲话'来表达你的愤怒,所以,你担心的'失控',可能不见得那么容易出现。"我回应着怡琪。

"不过,如果你一直花很多力气压抑、控制,说不定哪天你状况比较差,情绪比较多,理性突然丧失,反而可能会出现你不想要的失控行为。

"情绪就像个孩子,当你可以看见它、理解它,它就不用花很多力气、大吼大叫吸引你注意。你也可以在刚发现它的时候,先安抚它,而不至于到它已经过度扩张、难以控制时才被发现。那样,的确就会出现你不喜欢的失控感。"我解释着。

很多人常会因为害怕情绪,就用压抑的方式处理。只是,如果我们不能觉察、理解自己的情绪,反而没有办法知道情绪要提醒我们什么。

因为,所有的情绪都有功能,特别是负面情绪。当它出现时,是为了提醒我们有事情不对劲。如果我们可以发现它们,并且因此提醒自己做些调整,这些负面情绪,其实对我们的生活是很有帮助的。

例如怡琪,对她而言,"愤怒"的出现,其实是在提醒她:"你需要保护自己、建立界限,不能无止尽地退让与牺牲。"

愤怒能帮助你……

当我把这些话反馈给怡琪时,怡琪有点惊讶。

"所以我的愤怒,其实是可以帮我的吗?"

"没错。有些时候,当你扛下过多的责任,或别人把责任丢给你,'愤怒'其实可以提醒别人不能这样,也在提醒你扛得太多。当你开始表达,大家就能知道你的极限在哪里,你的界限就会慢慢建立起来,大家就有机会将自己的责任拿回去,工作也会比较顺利。"我解释说,"因为一群人的力量,总比一个人的力量大,而你的负载是有限的,不是吗?"

"所以,我需要练习表达我的生气,或是我的不舒服,让他们知道?"怡琪一边想,一边慢慢地说。

"或者说,生气这个情绪是在提醒你,可能你有一些感受,或是有一些需求没有表达。你可以先问问自己在气什么,客观观察情势之后再看看怎么表达,可以对工作有帮助。"我回应着怡琪。

"你可以感受一下,原本你工作时,目标可能是'努力维持自己好的样子',但其实你也清楚,对很多人来说,你看起来的样子已经很好了,甚至有点太好,所以他们会丢给你更多责任。所以,你可以试着把目标改成'让工作更有效率、更能达成目标',或许你就会有不同的选择,也能够跟别人表达你的需求。"

我停了停,然后看向怡琪。

"毕竟,你也知道,从过去走到这里,你已经够努力也够好了，不需要再如此努力去证明自己的价值。现在，你可能需要新的生活应对策略，帮助你更适应现在的生活。"

怡琪听了，若有所思。

离开时，我感觉她的笑容似乎更多，身上好像轻了不少。

我在心里，默默向她送上我的祝福。

面具木偶：我这样，也很好

今天一来咨询室，我还没坐下，美惠就告诉了我一件很重大的事情：

"我向我的家人'半出柜'了。"

我赶紧坐下来，听她说经过。

妈妈的挑剔，一部分是因为担心

这次回家，难得全家团聚，弟弟和姐姐也都回来了。虽然弟弟还是不怎么跟大家说话，但是妈妈的心情显然变得很好。不知怎么，妈妈就开始挑剔起美惠，越讲越多，从头到脚，从穿着、打扮到谈吐。妈妈说："你看看你这个样子，不男不女，我要怎么帮你找对象？你是打算一辈子不嫁了吗？"

听到妈妈的话，美惠很受伤，但美惠还没回答，反而是一直没说话的弟弟突然开口："我觉得她这样很好啊。"

大姐顺口接了下去："我也觉得，不是非得要结婚不可。"

突然，妈妈就在饭桌上崩溃了："所以你们现在是怎么回事？全家人联手对抗我就对了？我的想法都不好，你们都对？我就是个失败的妈妈，对这个家都没有用……"

妈妈一崩溃，全家就一片寂静。

姐姐叹了一口气，弟弟也不说话了。

美惠在旁边很紧张，正在想该怎么办的时候，爸爸突然说话了。

"美惠一直很懂事，她有她自己的路，你不用太担心。"爸爸把手放到妈妈的肩膀上，"做父母的，能给孩子的，就是祝福，还有一个避风港。再给其他的，就太多了。"

难得爸爸说话了，妈妈一直哭、一直哭。

"可是看她这样，我很难过啊！我一直想，是不是我小时候对她太严格，一直逼她穿裙子，她现在才会这样？她这样，在这个社会会很辛苦啊！为什么一定要这样……"

美惠听了很难过，又有点感动。

原来，妈妈会这样挑剔她，不完全是因为不喜欢现在的她，而是担心她在这个社会，必须要面对其他人的目光。

因为，你就是你

"可是，姐就是这样啊！"很少发话的弟弟又开口了，"本来每个人就不一样。跟别人一样，在这个社会，也不见得不辛苦。既然这样，就维持自己本来的样子，不是很好吗？"

美惠很惊讶地看着弟弟。

听美惠说，其实美惠在上大学之前，跟弟弟的感情是很好的，两个人常常会一起聊天、一起去打球。只是上了大学，美惠去外地读书之后，两个人的接触越来越少，她也越来越不知道，弟弟在想什么。

没想到，原来弟弟在心里这样支持她。

听了爸爸、弟弟的话，美惠觉得，自己有些话不吐不快。于是，她忍不住就在那个当下，说出自己并不喜欢男生，也不喜欢当个女生。

听完美惠的话，妈妈照例又突然秒闪进了房间，就好像什么都没听到一样。

"虽然妈妈的反应让我有一点挫败感，但是也不意外，毕竟这个信息真的很难消化，她要是马上抱着我痛哭，说没关系，我反而会觉得她吃错药了，哈哈。"

美惠笑着说，眼角泛着泪光。

"但是我爸爸、弟弟跟姐姐，他们的反应很平静。我还忍不住问姐姐跟弟弟：'欸，你们没什么话想说吗？'

"我那个在银行工作的老姐反应超好笑：'本来就知道的事情，还要讲什么？反正你现在可以结婚啦，法律有保障，就没问题啦！记得找个有钱的比较赚。'

"我弟则耸耸肩说，他本来就觉得，自己有一个姐姐和一个哥哥，对他来讲，根本没差别，'因为你就是你'。"

美惠含着眼泪，说完了这些。

我想要更站在自己这一边

"那你爸爸呢？"

美惠顿了一下，眼中的泪光更盛。

"我爸爸拍拍我的肩膀，他说：'都好，做你自己就好。'"

美惠抬起头来，看着我。

"那一刻，我觉得我好幸福，真的好幸福。原来，我的家人，他们老早就接受我的样子了。"

"对啊，因为你就是你。"我轻轻地说，"可能有些人，没办法这么容易接受，比如你妈妈，或是可能你在生活中遇到的其他人。但有些人，其实不认为这有什么。他们喜欢你，就是你现在的样子。你可以选择，你想用什么眼光看自己，对不对？"

美惠点点头，说出了一句很有力量的话：

"我更想站在自己这一边。我想要保护自己，不要随便让别人定义我、给我贴标签。"

说完美惠又笑了，这次是很真心、很灿然的笑。

"原来，真心接纳自己，是一种这么好的感觉；原来，我这样，也很好。"

真的很好，当然很好。

这么努力的你，怎么可能不好？

迷失在别人的目光与评价中时，记得回到自己身上，以自己的感受为主；

我们就有力量，可以抵挡外在世界的不友善。

那样，就好。

承认"我需要你"

完美妈妈：原来，我爱你

和雅文面对"过度努力"这个人生策略的过程中，不免谈到父亲与母亲的议题。而她对"父母"的情绪相当复杂。

她相信，别人会因为她有用而爱她

面对父亲，雅文原本用"无感"来进行防卫，是为了让自己不对他有期望，以免又因为失望而受伤。即使雅文隐约知道自己对他或许有爱，但过去的伤痕太大，让雅文要碰触到爱之前，会先陷入对父亲曾经失望的愤怒沼泽中；而这个愤怒，又会让雅文为了自我保护而出现无感、情绪隔绝的状况……

面对母亲，对雅文而言，也不是容易的事。

她知道母亲在爱的方面非常匮乏，对雅文、对自己都很严厉的母亲，也是一个"过度努力"的人。雅文发现，自己在情感表达上，几乎复制了母亲的模式：

需要爱，但说不出口。有时用很严苛的方式对待自己或别人，希望从中得到安全感，用以安抚需要爱却没有得到的焦虑不安。

要承认自己需要爱,对雅文来说,是非常困难的。因此,当她感觉不被理解,或是感受到与身边的人情感疏离而觉得不安时,她会习惯性地要求自己做好更多事、让自己更有用,用这种方式来解决内心的不安,也用这种方式解决与他人的疏离感;她相信,别人会因为她有用而爱她、靠近她。

只是,当别人真的因为这样靠近她、需要她时,她的内心又会升起一种自暴自弃的感受:"原来,大家会靠近我,只是因为我有用。"

这个生存策略,让雅文把自己保护得很好,但却没有机会让别人知道,原来她是需要爱的,也没机会让别人证明"你不用那么努力,我们一样会爱你"。

当然,更没有机会让雅文表示"我会这么努力,是因为我好爱你们,我也希望你们爱我"。

于是,这些没有办法碰触到真实情感的挫折,化成隐隐的焦虑不安,在内心深处堆积发酵;这些情绪,除了促使雅文更努力,以获得安全感,也让雅文在没办法努力的时候,用购物来消除内心的不安。

再见到爸爸,他居然老了这么多

要怎么碰触、承认这些情绪与需求,就成为我和雅文合作上非常重要的事情。

在进行的过程中,雅文的生活中发生了一件重大的事情。

雅文跟我请了几次假，再见到她，已经是一个月后。

她看起来很憔悴。

"我爸去世了。"看到我的第一句话，雅文这么说。

突然听到这个消息，我很意外。

我静静地听着她说。

"几个礼拜前，我突然收到消息，说我爸进了ICU（重症加强护理病房）。收到消息的时候，我其实觉得很不像真的。我先生问我，要不要陪我去医院，我拒绝了，还开玩笑地跟他说：'如果看到我爸，我哭不出来怎么办？旁边的人会不会觉得我很不孝？'

"一开始，听到这个消息，我真的没有特别难过的感觉，反而更多是觉得不真实。而且，最近刚好我们都在谈他，我也感觉，我对他还是生气的。"

雅文抿抿嘴，拿起桌上的杯子，喝了一口水。

"后来，我在医院见到他。好多年没见了，但见到他的时候，他居然是躺在病床上，插着管，动也不能动。我的心情很复杂。"

雅文眼神有点空洞地说着。

"小时候我记得，他是个跟我一样很害怕打针、去医院的人。看到他，我忍不住想，他现在躺在这里，应该很不舒服吧？

"……怎么再见到他的时候，他居然老了那么多？"

雅文的眼中，隐隐含着泪水。

最深的隐隐作痛，是连泪都不敢掉

"医生跟我说，他的状况很不好，快的话一两天，慢的话一两周就会走。那时候我就在想,接下来我要怎么办?我要去看他吗?

"我也打电话跟我妈说了这件事,虽然她很惊讶,但并没有特别想去看我爸,我也能理解,毕竟他们之间有过这么多不愉快的回忆。"

像是想给自己一点支持,雅文轻轻摸着自己的手背。

我点头,很专注地听着。

"然后,我打电话给好友说了这件事。她突然语重心长地对我说,去跟你爸爸说说话吧!好的、坏的,都好好跟他说一说。至少,他现在可以好好听。"雅文突然笑着叹了口气。

"我才发现,对啊,从我有印象以来,我和爸爸都没有好好说过话。有的多半是冷漠,或是吵架。所以,那一周,虽然他的医院离我家很远,我还是每天花两三个小时坐车去看他,跟他说说话。"

"你说了些什么呢?"我问。

"一开始都是在对他抱怨吧!"雅文笑了,"抱怨他丢下我,让我觉得是因为自己不够好,所以他才不要我;怪他不负责任,让我和妈妈都很辛苦。跟他说,我多羡慕别人,有一个完整的家庭,父母在身边,那是我再怎么努力、表现再怎么好,都没有办法实现的梦想。"

雅文眼中含泪,但她忍着,继续声音平稳地描述。

我懂她的忍。

最深的隐隐作痛,是连泪都不敢掉;怕感受了,就垮了。

爸爸皮夹里的秘密

"不知道第几天开始,抱怨完了。我开始跟他说,我其实是很欣赏他的,觉得他很有才华,但也因为这样,我更受不了他丢下我和妈妈,搞垮自己的人生,让我失望,然后说着说着,我就不知道该说什么了。"雅文苦笑。

"因为,他对我的人生参与得太少,又或者,我对他有记忆的部分太少,所以没几天,我就不知道该跟他说些什么,只是尽量陪着他,陪他走到生命的尽头。"雅文又喝了一口水。

"他走的那天,医院把他的东西交给我。我打开他的皮夹,看到里面放着两张照片,一张是我妈年轻的时候,一张是我三四岁的照片吧。"

说到这,雅文突然大哭起来。泪,突然就忍不住了。

"我真的不懂。我不懂,为什么他要把我们带在身边,却不留在我们身边?我也才发现,原来,我好希望他爱我,因为,我爱他,我真的爱他。"

孩子可以不用拿父母的困难来惩罚自己

那些终于被雅文承认的爱,在咨询室里回荡着;而那些困惑,也在其中,一遍一遍地在雅文的脑中转着。

只是,人生就是有这样的无可奈何;或许,雅文再也不知道,她所在意的问题,答案是什么。

"我可能永远都不会知道,我爸爸到底在想什么,为什么他要离开我们。大概就像老师说的,有些父母,有他们的困难。"

我忍住泪，看着她，点点头："他们可能有他们的困难，儿女不一定能理解或接受，但或许，可以不用拿他们的困难来惩罚自己。"

"对，不用惩罚自己。我爱他、需要他，不是我的错，也可以承认，对不对？"雅文看着我，热泪盈眶。

我点点头。

我想要学着给自己一点爱

"我那么努力，他还是不回家，那是他的困难，不是我的问题，对不对？"

雅文的泪，越掉越多。

我深深地看着她，继续点头。

看着哭泣的雅文闪过一些表情，那是我以前从没看过的表情。

"雅文，现在的你，是不是想说什么？"我轻轻地问。

"我突然觉得好心疼我自己。"雅文一边哭，一边用手背拭泪，"我真的很努力，努力想让大家开心、想得到爱，想得到肯定。"

"你一直没有放弃，一直努力做到别人要的，那是你爱别人的方式，也是你想得到爱的方式。"我轻轻回应着。

"的确。只是我现在觉得，好像够了。我想试试别的方式，我也想学着给自己一点爱。"

雅文慢慢停住了泪，抬头看着我："你愿意陪我吗？"

我很认真地点头。

于是，雅文知道了她想去的地方；我们将一起摸索，一起找到一条新的道路。

"钢铁先生"：练习伸出手

这次昱禹和芯玲一起来，看起来两个人的关系似乎好了不少。两个人并肩坐在沙发上，有着不少细微的小互动。

一见我坐下来，芯玲立刻笑着跟我打招呼。

"最近过得怎么样？"我轻松地开场。

"比之前好得多。最近周末，我们去了一些地方走走，有时候也在家里休息。他跟我们的互动变多了，这样就很好。"芯玲微笑着看了昱禹一眼，"我现在不会自己喝酒了，都是跟他一起喝。一周一两个晚上，喝一杯红酒、吃一些点心，一起聊聊天这样。"

昱禹故意做出瘪嘴的鬼脸。

轻松的气氛，在我们之间流转着。

"不过，有件事情，还是想说一下。我们私下讨论过是否可以说。那我要说了？"芯玲看了昱禹一眼，像是征得他的同意。

昱禹点头，耸了一下肩。

"就是，他下班的时候，还是很不习惯跟我说说话。"芯玲一边说，一边留意昱禹的神情，"特别是哪天下班回来，如果他的脸很臭，他就会更不想跟我讲话，会一直看手机或是打游戏。"

"就跟你说那是我减压的方式啊!"

昱禹有点无奈地说,不过与之前比起来,口气好得多。

"我知道那是你减压的方式,我也觉得没关系。只是,有时候你回家,我觉得你心里有事,但你就是不想说,是这个让我担心。"

"我不太习惯说自己。"

感觉这次芯玲相当在意昱禹的心情,斟酌着字句,不想让昱禹觉得自己在责怪他。

"所以芯玲是在说,她希望可以帮你分担些什么,特别是你工作回来,可能有一些压力的时候。"

听了我的话,昱禹深呼吸了一下。

我看着昱禹的表情,接着问:"不过,芯玲讲的这些事,昱禹,你知道她的心意,对吗?"

昱禹又深呼吸了一次。

"我知道,她希望我说出来可以轻松点。但是,我真的不太习惯说。"昱禹顿了一下,"应该说,我不太习惯说自己。"

"怎么讲?"感觉我们又碰到了些什么。

昱禹想了一下:"不知道,就觉得这没什么好讲的。"

"什么东西没什么好讲的?"我接着问。

"例如工作上遇到不开心的事,就觉得没什么好讲的,讲了很像在抱怨。"

"像抱怨有什么不好?"我感觉昱禹没说出口的,似乎觉得抱怨不好。

"就没用啊!一直抱怨,感觉很负能量,家里气氛不好,也不能解决事情,别人也不想听。"

昱禹一连串地说出一堆话。

"所以你觉得,如果你说这些负能量的话,没有人想听吗?"

我感觉到,我们好像碰到了很重要的核心。

"可是我很想听啊!"

芯玲简直就像是我安排的接盘的,立刻很诚恳地接了这句话。

我俩配合得天衣无缝。

昱禹又深呼吸:"可是你也有你烦恼的事,听那么多,你会烦,而且,我可以自己消化。"

"昱禹,听起来,你不是不想说,是很怕说?"我看着他,慢慢地问,"你担心什么?说了会发生什么事?"

昱禹看着我,我看着他、看向芯玲,芯玲也看着他。

我们三个人之间,一阵静默。

我们都在等,等着昱禹告诉我们,伸出手对他为何如此困难。

过了一会儿,昱禹叹了一口气。

我很讨厌自己抱怨的样子

"大概是我很讨厌自己抱怨的样子吧!感觉很没用。想想以前，我妈抱怨了很多事，我爸从一开始听到不听，后来就不回家了。我妈后来就只能喝酒，说给自己听。"

对昱禹来说，抱怨、展现自己脆弱这件事，他曾经看过妈妈示范，但下场很不堪。也可能，对昱禹来说，那时候的他，也没有听妈妈说；所以现在，有任何辛苦，或许他认为，自己也必须要练习独自消化才行。

毕竟，一直以来，他总是独自面对所有的辛苦。没有人想听他说。

我又怎么能确定，当我真的开始说出自己的脆弱、情绪时，真能被理解与包容，而不会遭受跟妈妈一样的待遇？

你想讲，我就一定会听

当我试着说出昱禹的担心时，昱禹没有说话，只是不停地摩挲着自己的手背，像是在安抚自己一样。

就在这个时候，芯玲静静地把昱禹的手拉了过来，轻轻地拍着。

"没关系，你想讲，我就一定会听；如果我真的没办法听的时候，我会告诉你，那个时候，你再自己消化也没关系。可是，只要我有力气，我就想陪你、想听你说任何你不习惯对别人说的事。"

讲完这些，芯玲转头看向昱禹："你相信我，好不好？"

昱禹的眼睛迅速变红，他什么都没有说，只握紧了芯玲的手。

或许昱禹过去的伤，以及对人的信任，需要一点一点地修补；但我想，拥有这么多的爱，昱禹会越来越勇敢的吧！

勇敢地信任这个，过去或许并不善待他，但现在正在祝福他的世界。

结束了今天的工作，我离开了工作室，准备过马路时，正巧看到，昱禹与芯玲站在我前面，背对着我。

此时，绿灯灯号正好亮了。

我看见，昱禹主动牵起芯玲的手，十指紧扣；芯玲转过头去，对昱禹笑得开怀。

那一幕，真的好美。

我想，我永远不会忘记。

不论过去如何，现在的我，永远可以选择

购物狂公主：
我愿意给自己不同的选择，负起人生的责任

"我去找我哥聊过了，还有，我最近开始去上钢琴课。"一坐下来，品萱就跟我分享了近况。

有灵魂的眼神

原来，品萱从小就很喜欢音乐，小时候曾经学了好几年的钢琴；但后来，因为爸妈觉得学音乐不能赚钱，于是在中学时，品萱就放弃了钢琴。

最近，她重新拾回对钢琴的兴趣，开始上钢琴课，学爵士钢琴。描述自己上课的过程，感觉品萱的眼睛熠熠生辉。

那是有灵魂的眼神。

"我发现，弹钢琴可以让我很平静，我可以很专注地弹好几个小时。"品萱说着。

"我很喜欢弹钢琴的自己。那时我真正感觉到，没有太多别人的期待和目的，只是很专注地弹，做着自己想做的事。我很喜欢这种感觉，不过……"品萱停了一下。

我没有打断，很专注地听她说。

"我爸妈知道我开始去上钢琴课，使劲泼我冷水，说都这个年纪了，学钢琴还能干吗。"

品萱自嘲地笑了笑。

"对他们来讲，大概做任何事，都要赚钱才行吧。不能赚钱的事，都是没用的事。做了，只是浪费时间。"

"所以，他们的想法会影响你吗？"我问。

"不知道是不是跟哥哥谈过的关系，以前我觉得会影响我，但现在还好。"品萱笑着看向我，"对了，我刚开始说了，我跟我哥谈过了。"

我点点头，鼓励她往下说。

原来，哥哥也有很辛苦的地方

"我去我哥住的地方找他，他好像很意外。那天晚上，我们聊了很多。"品萱看着我，"我才发现，原来我哥也有他很辛苦的地方。"

"他跟你说了什么呢？"

"我哥说，以前爸妈常为了他吵架，他都觉得自己是罪人，可是又觉得很生气。他很佩服我，很容易就可以得到爸妈的欢心，当乖宝宝，做对的事情。"品萱笑了笑。

"我哥说，他不是故意要找麻烦，但就算他想要让爸妈开心，最后做的事情，还是会让他们生气，久而久之，就放弃了，干脆做自己。我哥跟我讲了几个小时候的事，都是他本来想要努力让他们开心，结果失败的例子。我听了就想说，天啊，哥，你也太惨了。"说到这里，品萱大笑。

"你听到哥哥这么说，有什么感觉或想法吗？"

"我就觉得，哇，原来我哥是因为'做不到'才能做自己。那我呢？因为'做得到'，反而一直放弃自己？"品萱苦笑。

"所以，可能你发现了，其实你是能力很强的人，可以留意到别人的需求，也可以做到满足别人，不过，这反而让你把力气都用在别人身上了。"我回应品萱。

品萱有点害羞地看着我："听完我哥说的话，我其实也这样想过，但觉得自己这样想好像很厚脸皮。所以，真的是这样吗？"

"当然，不然你怎么有办法，做到你爸妈希望你做到的事呢？"我肯定着品萱。

当我们为了别人的需求与感受、过度在意而奉献出自己的心力时，即使再有能力，我们都会受困于那种"被控制"的感受，而没有办法感觉到：自己是有能力的。

只有把力量用回自己身上时，我们才会知道自己拥有什么。

我最气的是，我把每个人都看得比我重要

"我哥还跟我说，他不是丢下我。他是发现，他在家里太容易跟父母起冲突，他也有压力，觉得自己像是把家庭气氛搞糟的人。他还发现，几次他跟爸妈起冲突、爸妈吵架，我不讲话，回房间后，都在哭。

"他说，他那时大学冲动离开家后，也担心我，几次想找我谈，但我都拒绝了。他猜我大概在生他的气，所以就想等我气消了。"品萱叹口气，"没想到一等，等了这么多年。"

"你好像觉得有点遗憾？"我轻轻地问。

"我一直觉得哥哥抛下我，一直觉得，只有我一个人在乎这个家完不完整，只有我一个人在努力。现在我才发现，原来我对我爸、哥哥，都很生气。

"我也生我妈的气，气她当初想离开，对我说那些话，把我绑住，让我没办法不按照他们想要的方式去做。我气没有人了解我，没有人问我想要什么，我只能一直给大家想要的东西。

"之前你有说过，如果觉得心情很乱的时候，可以写写日记，

跟自己对话，了解自己到底在想什么。我试着写了几次，一开始很难，越写越烦，没写几个字就不写了。"品萱笑了，"不过，后来慢慢能静下心，写着写着，发现我最气的，是我把每个人都看得比我重要，但我觉得他们没有同样对我。"

我不是没有选择，我只是"选择不与爸妈冲突"

"你觉得，为什么你会把他们看得比你还重要？"我问品萱。

这是一个很重要的问题。

"这我也想过了。"品萱笑着回答我，"我问了自己很多次，最后我发现，会把他们看得比我重要，是因为我觉得自己不重要，他们谁都可以抛下我。所以我必须努力让大家开心。最终我才发现，原来我以为的，我为了别人做的选择，其实也是为了自己。"

"应该说，也是为了生存吧！"我回应着品萱，"你说，你会把别人看得比你重要，是因为你觉得自己不重要，因为害怕被抛弃，所以努力让别人开心。一直这么做，也很辛苦，对不对？发现了这件事，对你有什么影响？"

"这段时间的咨询，还有跟我哥聊过后，加上这件事，让我发现，之前很多事，我一直以为我没有选择，例如要听爸妈的话、不能选自己想读的专业、选爸妈觉得好的工作……但最近我才发现，我不是没有选择，我只是'选择不与爸妈冲突'，选择'用这个方式得到他们的肯定'，因为我没办法像哥哥一样，可以这么相信自己、做自己要的选择，并且承担随之而来的责任。

"例如工作,我选现在的工作,固然是因为爸妈希望我选,但是现在深问自己,我也才知道,选现在这个工作让我安心,因为我也害怕工作不稳定,害怕自己没有能力应付外界的竞争。"品萱喝了一口水。

"过去,我选了一条看似比较轻松的道路,可以不用想很多;所以现在,我就得花很多时间想了。毕竟,人生是我自己的。"说完这句非常睿智的话,品萱笑了。"所以,现在我想给自己多一点时间和机会,探索自己想做、能做的事。"说完这句话,品萱看向我。

"不过,当我最近开始探索自己、开始上钢琴课之后,我就不想买东西了。内心那种空空的感觉,也好了很多,特别是弹钢琴的时候。"

品萱笑着对我说:"省下买东西的钱,刚好上钢琴课。"

我非常佩服品萱。要面对"人生的许多选择不如自己的想象",是很不容易的事,能够不把责任推到别人身上,承担起自己的责任,并且勇敢面对有许多不确定性的未来,真的很不简单。

而当我们诚实地面对内心的恐惧,面对阻碍与挑战,直接去做那些自己真的想做的事,感受自己真实地活在这个世界上时,焦虑的逃避策略,例如购物等,也会慢慢减少。

离开前,品萱对我说了一句话:

"过去，我为了别人努力；现在，我想为了自己勇敢。"
我也从这句话、从品萱身上，获得许多的力量。

自责小姐：
不论你们是否爱我，我都想好好爱自己

后来，欣卉在我这儿又咨询了一段时间。在这个过程中，我们讨论了关于她一直以来的梦想——服装设计，以及要达成梦想的执行方法。

然后，她想要靠自己的力量试试看。于是，我们结案了。过了一段时间后，我收到她寄给我的信。

给慕姿老师：

我是欣卉，我现在已经在法国，准备开始我的第一个学期。

在咨询时，我向老师提过，我一直都有个想当服装设计师的梦。但对我的父母来说，这个梦太不切实际，也太费钱。跟老师咨询的那段时间，我不停地思考：接下来我的人生，到底要为谁而活？

然后，我找到了答案。我决定准备考试，申请法国的学校，去读我一直很向往的服装设计专业。

不过，跟老师咨询的这段时间，我也想了很多。我发现，像老师说的，当我越依赖家里的资源，我就越难

摆脱他们,越需要他们的肯定,也越失去自己。就像之前,虽然我爸爸养着我,但我却在这个过程中失去了自己的力量。所以,我想要先靠自己的能力申请学校,并且试试看能不能申请到奖学金。

至少先看看,能不能拿到我梦想的入场券。

后来,我申请到了想去的学校,但是奖学金不多。我考虑了两个途径,一个是自己去贷款,一个是回去跟爸妈谈,问他们可否借钱给我。我决定两种都试试看,于是我一边向银行贷款,一边鼓起勇气,回去跟爸妈谈出国留学的事。

听到我要去念服装设计,妈妈的反应还好,爸爸非常反对,认为我只会浪费钱。不过,这次我很笃定地跟他们说,我不是要他们给我钱,我是想向他们借钱,只是我能力不够,希望他们可以让我念完书,工作后再还他们,也希望他们不要收我太多利息。

当然,我告诉他们,他们也可以拒绝我,我就去向银行贷款。因为这件事,我一定要做。

这或许是第一次,我在爸爸大吼大叫之后,还能把我想说的话说完。虽然我听到爸爸骂我、否定我,还是很害怕,但是我让自己冷静下来,好好地把我想说的话说完了。

我想到老师你对我说过的:"我们可以提要求,对方也可以拒绝,这就是界限。"

那天，我跟爸妈谈的时候，姐姐和弟弟都在家。以前，遇到这种场景，姐姐有时会跟着爸爸一起数落我，弟弟则跟妈妈在旁边不说话。结果没想到，这次在我说完话后，爸爸虽然嘟囔了几句，但姐姐都没有说话。后来，姐姐居然开口，说要借给我钱，让我去上学。

我真的觉得好惊讶！我当然接受了，也谢谢姐姐。

不知道老师还记不记得，我曾经在咨询时问过你："如果他们都不爱我了，我还要爱他们吗？"

"他们爱不爱你，那是他们的选择。你当然也能有自己的选择，无关输赢或自我价值，而是在于身为一个人的选择。你可以选择不爱他们，也可以选择爱他们；当你愿意为了爱他们而努力，其实是代表——你是有能力爱的。

"所以，不是我爱了就输了；不是我努力了，就代表我不够有价值，需要他们的肯定。

"而是那代表，我是有能力爱的。我的努力，也可以是为了我自己。"

那时候，老师的回答，我一直记在心上。

出国前一周，我鼓起勇气，写信给我的家人们：爸爸、妈妈、姐姐、弟弟。

我把对他们的感受和爱，说了出来。告诉他们，我很希望自己能跟他们一样好，能够被他们接纳。

我告诉他们，以前的我有多努力，而现在的我，开始想要给自己不同的选择，想要用不同的方式爱自己和爱他们。我写下那些信，等于给了过去努力的我，一个很重要的交代。

然后，我觉得，自己可以放下了。

最难忘的，其实是出国那天。

我不期待家人会出现在机场，但在机场，我看到妈妈和姐姐来送我。

妈妈看着我一直掉泪，说她对不起我，说爸爸也是心疼我的，只是他对我的期待更高，所以失望的时候反而不知道该怎么办了。

姐姐则是拿了一封信给我，叫我等等再看。

在候机楼，我读着姐姐的信。姐姐告诉我，她觉得我又努力又优秀，特别是绘画的天分，是她所没有的，而且，我的朋友比姐姐多。姐姐说，她一直很羡慕我。

她向我道歉，说她有时说话的确很伤人，但这是她的习惯，她无法控制。她并不想伤害我。

她希望我完成梦想。她相信我可以，然后，可以找回我自己。

"一路顺风。"这是姐姐给我的祝福。

看完这封信，我一直在哭。我不知道原来姐姐也是羡慕我的，原来姐姐也有自己的辛苦。

现在的我,觉得自己是幸福的。

谢谢老师这段时间的陪伴。

收到信后,我的心里也涨得满满的。

我回信,携上我的祝福。

后记

你的存在，
就是无可替代的价值

　　曾经有人说，做我们这一行，其实就像个"摆渡人"。在水上悠悠行着，等着一个个上船的人。我们和对方的缘分，就是在船上的这一段。有时候，我渡他；有时候，他渡我。细谈与感受的，都是人生。

　　能够被交付信任，有机会看到一个人的真实、勇敢与脆弱，也会有很多交心的时刻，那些时刻让人感动。

　　很难不对这份工作产生敬畏与喜爱。当别人愿意这样信任你，你会想提醒自己要更努力、更小心；而做这份工作，会让自己一直有机会感受到人性；会让自己感觉，我的确是个人啊！不只是感受到对方，也会感受到自己。也会在和人的互动中，感受到自己的浅薄，提醒自己要谦卑：

　　我不是能够解决所有问题的神；我只是陪着他们走过一段，让人有地方休息、有时间检视自己的"摆渡人"。

　　何其有幸，能够有这样的一段缘分。

在人生里，我们都会有自己的选择，也会有自己呈现的样子；不论是什么样子，都是我们用自己的方式在努力的样子。

看着自己一路走来很努力的过程，值得我们给自己一个肯定，值得让一直往前冲的我们，回过头来，对已经很努力的自己说：

嘿，一路走来，你辛苦了。

只要你愿意，你可以为了自己努力。

不过，你再也不需要用努力来证明自己，

因为你的存在，就是无可替代的价值。

对每个孩子而言，从小或许都追求着这种被"无条件爱着、接纳与理解"的感觉。当我们没有机会获得这样的爱时，我们便抱着痛，假装自己并不在意，成为一个藏起伤痕的大人。

只是，当我们因为害怕"不够努力"可能会造成的危险：被别人看不起、不被重视、没办法生存，甚至是不被爱、被丢弃……小时候的我们，或许只能没有选择地努力，但长大后的我们，愿不愿意给自己一个选择其他选项的机会？

能对自己说出这样的话，需要很多对自己的爱，与勇敢地相信自己。

也许，我们没有机会从父母或他人身上，获得这样的爱，但是，我们永远都可以尝试这样爱自己——

当自己过度担心他人的评价与感受、感觉自己"做得永远不够"时，愿意将关注外界的眼光，放回自己身上，和自己好好说说话。

当我们愿意勇敢地相信"我本身的存在就是有意义、有价值的，不需其他人来定义"时，当我们愿意站在自己的这一边，像自己的好友般，在遇到挫折时支持、信任自己，愿意停止如他人一般挑剔自己永远做得不够、不好时——

我们会发现，我们能给自己的支持与力量，比想象的多很多。

"下次，会是谁坐上这艘船呢？"

我轻轻关上了门。